逆向選擇 × 納許均衡 × 柏拉圖效率 × 資訊對等 × 策略互動

零數學的賽局論

邏輯使人精準決策，
理性……致勝！

邢群麟，王豔明——著

經濟 × 生活 × 職場 × 人際 × 愛情

人生本身就是一場賽局，你我都是永遠的局中人

從麻將的出招到股市的投資；從夫妻吵架到要求老闆加薪
那些看似無從回答的難題，「賽局論」都能為你一一解答！

【重複賽局】究竟有沒有一種智慧能讓戀人永不分手？【智豬賽局】戀愛中的征服之爭，職場上的生存之戰！
【零和賽局】其實與狼共舞遠勝於在羊群裡獨領風騷？【鬥雞賽局】小至夫妻悲劇婚姻，大到國家貿易大戰！

目錄

目錄

第四章　資訊篇 —— 公共資訊下的錦囊妙策

第五章　生活篇 —— 現實生活中的賽局策略

目錄

目錄

序

善弈者決勝千里：田忌賽馬的故事婦孺皆知，說的是戰國時期齊威王和大將田忌賽馬。參賽的馬被分成上、中、下三等，齊威王的馬在每一等級上都比田忌的馬好。齊威王原本可以穩操勝券，不料軍師孫臏為田忌出了個主意，要田忌用下等馬輸給齊威王的上等馬，然後用上等馬和中等馬分別贏了齊王的中等馬和下等馬。三局兩勝，最後是處於劣勢的田忌取勝。

齊威王為什麼會在占優勢的情況下輸掉比賽？關鍵在於第一場。在這場比賽中，齊威王雖然取得了勝利，但是卻為此付出了巨大的代價——上等馬與下等馬的實力差距被白白浪費掉了，並直接導致輸掉了後面兩場。孫臏的主意，其實包含著賽局道理，不愧為一種智慧的策略。

賽局即是一種策略的相互依存狀況，一個選擇者的選擇將會得到什麼結果，取決於另一個或另一群有目的的選擇者的選擇。因此，在賽局中，強者未必勝券在握，弱者也未必永無出頭之日。

前言

有這樣一個腦筋急轉彎的問題：

在什麼情況下零大於二，二大於五，五又大於零？

答案是在玩「剪刀——石頭——布」遊戲的時候。

賽局，就是用這種遊戲思維來突破看似無法改變的局面，解決現實中的嚴肅問題的策略。賽局思維，充滿著濃郁的藝術氣息，它總是可以用一種出人意料的方式曲徑通幽。

賽局時時存在，處處可見。我們耳熟能詳的成語和典故，如圍魏救趙、背水一戰、暗度陳倉、釜底抽薪、借雞生蛋、狡兔三窟等都屬於賽局策略。也許有人會認為，這些策略只存在於久遠的歷史當中，與我們今天的現實生活無關，其實事實並非如此。如果我們能夠掌握賽局智慧，就能夠對這些古老的計謀進行一番理性而系統的審視。我們會發現身邊的每一件讓我們頭痛的小事，從夫妻吵架到要求老闆加薪，從球賽或麻將的出招，到股市和基金的投資，都能夠借用賽局智慧達到自己的目的。只有在生活和工作的各個方面都把賽局智慧運用得遊刃有餘，我們才能在人生競技場中贏得最大的勝算。

目前，賽局方法已成為一種科學的思維方法，被廣泛應用於各類實踐活動之中，尤其是在領導活動、軍事活動、體育活動、生產經營活動、高難度的勘探與控制活動中。可見這種思維智慧的實用價值和巨大力量。

對於學術領域以外的人們，想要利用賽局思維指導自己的人生走向成功，關鍵就在於活學活用。基於此，我們編寫了本書。本書摒棄了市面上大部分賽局書和思維書那種枯燥的說理和說教，試圖透過日常生活中常見的例子來介紹賽局論的基本思想及運用，並尋求用賽局的思維智慧來指導生活、工作的決策。人們可以在輕鬆愜意中領會賽局思維的精髓，獲取開啟人生智慧的大門。

其實，在實際生活中，賽局思維大有用武之地，但我們必須避免生搬硬套。歷史上項羽破釜沉舟、背水而戰，將士拚死而戰，置之死地而後生；馬謖在街亭之戰中也採用這個策略，在險地紮營，期望能置之死地而後生，卻被魏軍阻斷水源，招致慘敗，這就是一個鮮活的慘痛教訓。我們始終要牢記這個真理：理論是灰色的，生活之樹常青。

世事如棋局，生存競爭中的每一個人，都是賽局中的棋手。你的每一個行動都會化為棋子，落下即不能反悔，唯有每一步都下得小心謹慎，通篇布局，反覆推敲，運籌帷幄，方能決勝於千里之外。

前言

第一章

賽局思維——邏輯使人決策制勝

對賽局的理解

■ 什麼是賽局

通俗地講，賽局就是指遊戲中的一種選擇策略的研究。賽局的英文為「game」，我們一般將它翻譯成「遊戲」。而在英語中，「game」的意義不同於中文語意上的遊戲，它是人們遵循一定規則的活動，進行活動的人的目的是讓自己「贏」。我們在和對手競賽或遊戲的時候怎樣使自己贏呢？這不但要考慮自己的策略，還要考慮其他人的選擇。生活中賽局的案例很多，只要涉及人群的互動，就有賽局。

比如，一天晚上，你參加一個派對，屋裡有很多人，你玩得很開心。這時候，屋裡突然失火，火勢很大，無法撲滅，此時你想逃生。你的面前有兩扇門，左門和右門，你必須在它們之間選擇。但問題是，其他人也要爭搶這兩扇門出逃。如果你選擇的門是很多人選擇的，那麼你將因人多擁擠衝不出去而被燒死。相反，如果你選擇的是較少人選擇的，那麼你將逃生。這裡我們不考慮道德因素，你將如何選擇？

一個人做選擇時必須考慮其他人的選擇，而其他人做選擇時也會考慮此人的選擇。此人的結果 —— 稱之為支付，不僅取決於他的行動選擇 —— 稱之為策略選擇，同時取決於其他人的策略選擇。這樣，此人和其他人就構成一個賽局。

■ 賽局的特色

賽局的特色是互動性，就是賽局的參與者至少有兩個，即使只有一個人，比如我們考慮今天出門是否帶雨傘，也要把天氣作為另一個賽局參與者。只要明白了賽局的這個特點，任何事情我們都可以視為賽局。請看下面這個寓言故事：

有一個人死後升了天，在天堂待了數日，覺得天堂太單調，於是就請求天使讓他去地獄看看，天使答應了他。

他到了地獄，看到繁花似錦的宮殿、一群群妖媚的美女以及各種美食。他對魔鬼說：「今天我決定在這裡過夜，聽說這裡很好玩。」魔鬼同意讓他留下來過夜，並派了個美女招待他。

第二天，那人回到天堂。跟地獄比起來，天堂的生活仍然很單調。過了不久，他又開始想念地獄的花天酒地，再次請求天使准許他去地獄。一切都如同上一次，他容光煥發地回到天堂。又過了一陣子，他向天使說他要去地獄永久居住，說完不理天使的勸告，堅決地離開了天堂。

他到了地獄，告訴魔鬼他是來定居的，魔鬼把他迎進去，可這次接待他的是一個蓬頭散髮、滿臉皺紋的老太太。「以前接待我的那些美女去哪了？」那人不滿又好奇地問。

魔鬼告訴他「朋友，老實跟你說，旅遊是旅遊，移民卻不是一回事！」。

這是一個很簡單的故事，但它與賽局有什麼關係呢？我們先看裡面的局中人，在這個生活場景裡有天使、魔鬼、當事人。當事人有兩種策略選擇：一種是繼續待下去，另一種是換個環境比如地獄。這兩種選擇是他與自己生活狀態的一種賽局。如果我們把與他賽局的局中人換成天使，那麼他在選擇兩種策略的時候，就要考慮天使的反應。他想選擇第二種策略，去地獄，天使就面臨著答應與不答應兩種策略。若天使答應他怎麼辦，若天使不答應他怎麼辦。當然，最後的策略均衡是答應了。他去地獄後，魔鬼與他進行賽局。用誘惑來吸引他和用醜惡來接待他這兩種策略選擇中，魔鬼為了留住他，先用第一種策略來吸引。如果魔鬼先用第二種策略的話，當事人肯定要走了，絕不會留在地獄的。魔鬼先選擇第一種策略，而等當事人決定留在地獄後，再拿出了第二種策略。魔鬼的每一個策略都是揣摩當事人的意思而定的，他和當事人之間有一個互動關係，如果當事人的策略選擇是不留下，魔鬼肯定要換另外的策略，他總是按照當事人可能的策略選擇來定自己的策略。

■ 賽局的構成

賽局由很多要素構成，每個賽局至少都包含五個基本要素。

局中人

局中人又名決策主體、參與者、賽局者。在一場競賽或賽局中，每一個有決策權的參與者都成為一個局中人。只有兩個局中人的賽局現象稱為「兩人賽局」，而多於兩個局中人的賽局稱為「多人賽局」。

賽局中的參與者在遊戲裡扮演不同角色。比如象棋，有這樣幾種角色：將、相、士、車、馬、炮和卒，儼然一支軍隊。每個角色都是一次棋局賽局的局中人。當然，比起真實的人生，這個模型過於簡單了，但一樣可以映射出現實的生活。

在整個人生中，賽局無處不在，因為人們時時刻刻都在想著與他人競爭，時時刻刻都把自己擺在一個局中人的角度。從這個意義上講，人生本身就是一場賽局，而人則永遠是賽局中的局中人。

策略

賽局中有了局中人，就要開始進行策略的選擇了。一局賽局中，每個局中人都有可供選擇的、實際可行的、完整的行動方案。這個自始至終籌劃全局的行動方案，稱為這個局中人的一個策略。

如果在一個賽局中，局中人都只有有限的策略，則稱為

「有限賽局」，否則稱為「無限賽局」。由於每個人都隨時面對各種選擇、扮演著局中人的角色，所以在人生這場大遊戲裡，策略的選擇異常重要。正所謂「一著不慎，全盤皆輸」。

效用

所謂效用，就是所有參與人真正關心的東西，是參與者的收益或支付，我們一般稱之為得失。每個局中人在一局賽局結束時的得失，不僅與該局中人自身所選擇的策略有關，而且與全體局中人所取定的一組策略有關。所以，一局賽局結束時，每個局中人的得失是全體局中人所取定的一組策略的函數，通常稱為支付（pay off）函數。每個人都有自己的支付函數，其實每個人都為自己的每一步行動簡單地計算過支付函數中效用的得失，也就是做一件事情值得還是不值。

資訊

在賽局中，策略選擇是手段，效用是目的，而資訊則是根據目的採取某種手段的依據。資訊是指局中人在作出決策前，所了解的關於支付函數的所有知識，包括其他局中人的策略選擇給自己所帶來的收益或損失，以及自己的策略選擇給自己帶來的收益或損失。在策略選擇中，資訊自然是最關鍵的因素，只有掌握了資訊，才能準確地判斷他人和自己的行動。

均衡

均衡是一場賽局最終的結果。均衡是所有局中人選取的最佳策略所組成的策略組合。均衡是平衡的意思。在經濟學中，均衡即相關量處於穩定值。在供求關係中，如果某一商品在某一價格下，想以此價格買此商品的人均能買到，而想賣的人均能賣出，此時我們就說，該商品的供求達到了均衡。納許均衡就是一個穩定的賽局結果。

在上述要素中，局中人、策略、效用和資訊規定了一局賽局的遊戲規則，均衡是賽局的結果，也是遊戲結束的最後結局。

賽局中的策略選擇

任何一個決策都是由決策主體作出的，如果從決策主體的人數來分，決策分個人決策和集體決策。個人決策是指某一個決策者根據他自己的目標從他備選的策略中選擇最優策略的一個過程；集體決策則是指一個至少由兩個人組成的團體，在一定的規則下，根據團體各成員的決策而形成一個整體的決策過程。

對於某個決策者而言，其決策環境有兩種：其他決策者和自然環境。其他決策者構成他的決策環境是指這樣的情況：決策者的利益與其他決策者的行為選擇有關聯，其他決策者的利益與該決策者的利益存在關聯。此時，決策者的策略選擇要考慮其他決策者的策略選擇，其他決策者的決策也要考慮該決策者的策略選擇。此時的行為選擇構成一個賽局。賽局是行為的互動過程，當不存在這樣的互動的時候，決策便是面對自然的決策。

生活是由無數的賽局即互動所組成的。我們並不是單獨生活在自然之中，而是生活在集體或社會之中。我們不僅從社會中獲得生活必需品，而且也從社會中獲得榮譽感和認同感。同時，我們也為社會或者說為他人作出貢獻。我們與人群中的其他人組成一個互動的社會，我們依存於這個社會。

由於我們生活在社會之中，我們的決策環境更多的是他人。所以我們進行決策時要考慮我們的策略對他人的影響（這個影響反過來又影響到我們自己），我們也要考慮他人的策略選擇對我們的影響。

我們的行動和他人的行動是交織在一起的，我們時刻與他人處於互動即賽局之中。因此，這裡所說的策略選擇是針對我們與他人處於一個賽局而言，而不討論人們面對自然的決策。因此，在作決策時要對我們所處於其中的賽局局勢進行理性分析，正確地作出策略選擇，以達到我們所要實現的目標。

什麼是賽局思維

賽局思維是指，當與他人處於賽局之中時，為了實現人生各個階段的目標，我們主動地運用策略的思維。具體地說，由於我們的目標取決於我們自己的策略選擇並且取決於他人的策略選擇，我們要使用理性分析，分析各種可能的備選策略以及他人備選的策略，分析這些策略組合下的各種可能後果以及實現這些後果的可能性（機率），從而選擇使我們收益最大或者說最能夠實現我們目標的策略。作出合理的策略選擇是賽局思維的結果。

賽局思維體現了人的理性精神，是一種科學思維。賽局思維認為，我們的任何結果均是決策和行動的產物。正所謂「種瓜得瓜，種豆得豆」，這裡的「種」指的是行動，「瓜」、「豆」指的是結果。而要得到理想的行動結果，除了依靠我們的理性思維外，別無他法。

我們每個人都是策略的使用者，時刻都面臨著不同的行動選擇，時刻都在計算著應當採取何種行動。這種選擇不僅體現在選擇上哪所大學、選擇哪個系所、從事何種工作等這樣的大事上，而且體現在買菜、穿衣服這樣的小事上。然而，儘管我們每個人都是策略的使用者，但為什麼有的人功成名就，而有的人卻一輩子默默無聞？其答案就在於，他是蹩腳的策略使用者還是優秀的策略使用者。優秀的策略使用者會自覺和不自覺進行賽局思維，把賽局思維貫穿於各種競爭性的活動之中，從而在人生的各個方面取得成功；而蹩腳的策略使用者缺乏賽局思維，他們的策略選擇往往是不合理的，這導致了他們在人生中常常失意。當然，我們這裡不是在宣揚某種價值觀。事實上，成功與否與幸福之間沒有必然連繫。默默無聞的人可能幸福一輩子，功成名就的人卻可能不幸福。我們在此想要表明的是，如果一個人希望成功，那麼他就得運用賽局思維，成為優秀的策略家。

理性！理性！還是理性！

如果有人一定要像剝洋蔥一樣地剝開賽局思維，看看施展各種賽局技巧的核心是什麼，那麼他將會看到兩個字——理性。

我們的任何結果均是決策和行動的產物，要想得到想要的行動結果，就要依靠理性思維。衝動是魔鬼，衝動更是賽局思維的大敵。

賽局論的基本假設：理性人。

賽局論中有一個基本的假設，那就是賽局的參與者是理性的人。其中的理性是指參與者努力運用自己的推理能力使自己的利益最大化。對於「理性」這個詞，有必要進行深入的闡釋。

其一，理性的人一定是自利的。

所謂自利，就是追求自身利益的行為和傾向。經濟學和賽局論中的自利和社會學中的自私不是一回事。在賽局論中，「自利」是一個中性詞。賽局論假設參與者都是純粹理性的，他們以自身利益最大化為目標。

其二，理性和道德不是一回事。

理性的選擇只是最有可能實現自己的目標，而不一定最合乎道德。理性和道德有時會發生衝突，但理性的人也不一定是不道德的。

其三，理性和自由不一定一致。

這一點，很多人都深有體會。小孩子厭倦學習，但父母認為只有好好學習，孩子將來才能有出息，於是，父母和孩子之間展開賽局。父母會根據孩子的行動採取各種各樣的激勵方案，孩子也會根據父母的行動尋找對策。這時，父母和孩子都是理性的，也都是不自由的。因為父母的自由意願是讓孩子幸福快樂，但理性讓他們寧願讓孩子放棄暫時的輕鬆快樂；孩子的自由意願是玩耍，但由於知道父母會懲罰他們的玩耍行為，所以理性地選擇了並不喜歡的學習。這就是理性和自由的悖論。當然，有時候理性的選擇和自由的選擇也有可能達成一致，這是最理想的狀態。如果一個人的目標不夠明確、頭腦不夠冷靜、思路不夠清晰，那麼他與理性人還有一段距離。

賽局論更是一種思維方式

專門研究相互依賴、相互影響的人群的理性決策行為及這些決策的均衡結果的理論，就是賽局論。它是由約翰·馮·諾伊曼和奧斯卡·摩根斯特恩在二十世紀中期創立的。他們是從研究各種撲克遊戲中的各個要素，如虛張聲勢、使用騙術、猜測對方意圖以及一切在規則允許的範圍之內的手法，開始創立賽局論的。他們希望找到某種數學結構揭示林林總總的賽局背後的規律，並意識到這些規律完全可以用於人生競爭的各個方面。

賽局論問世不久就得到了學術界的熱情肯定。當時有人預言：「我們的子孫將把這看作是二十世紀上半葉最重要的科學成就之一。」目前，賽局論被廣泛應用於經濟學、政治學、生物進化學、軍事策略問題以及電腦科學等領域。

賽局論的研究方法和許多利用數學工具研究社會經濟現象的學科的研究方法一樣，都是從複雜現象中抽象出基本的元素，對這些元素構成的數學模型進行分析，因此它被稱為「社會科學的數學」。

儘管賽局論以數學為基礎（而且本身也是數學的分支學科），但它也有平易近人的一面：即使一個人沒有很好的數學基礎，也讀不懂其中複雜、繁瑣的論證過程，仍會有所收穫。它的模型案例就如同寓言故事，可以用某種生動、直觀的方式揭示現象背後的原理，而且這種揭示過程往往是不乏樂趣的。

與其說賽局論是一門科學，不如說它是一種思維方式。生活在這個世界上的「理性人」都希望實現利益的最大化，而這個目的又不可避免地受到環境、制度和他人的制約，因此人們必須作出選擇（也就是策略）。而人們策略的相互作用（這正是賽局研究的課題）又可能導致更多的、更高層次（集體、國家乃至人類）的問題的選擇。對於這些問題，我們可能不會找到最佳答案，但是思考這些問題，無疑將大大提高我們的理解能力和決策能力。

賽局思維是與人「鬥心眼」的利器

學習賽局論的好處在於，它教會我們一種策略化思維，教我們如何與人「鬥心眼」，幫助我們應對各種人生難題。

西元前 203 年，楚軍和漢軍正在廣武對峙。當時項羽糧少，欲求速勝，於是隔著廣武澗對著劉邦喊：「天下匈匈數歲者，徒為吾兩人矣。願與漢王挑戰，決雌雄，勿徒苦天下之民父子為也。」也就是說，天下戰亂紛擾了這麼多年，都是因為我們兩個的緣故。現在，我們單挑以決勝負，以免讓天下無辜的百姓跟著我們而受苦。面對項羽的挑戰，劉邦是如何應答的呢？漢王笑謝曰：「吾寧鬥智，不能鬥力！」意思是說我跟你比的是策略，而不是跟你比誰的武功更高、力氣更大。

由此可知，劉邦比項羽更具有策略性思維，他的想法更符合賽局論的道理。現實生活中的很多對抗局勢，其勝負主要取決於體能或者運動技能，要在這些對抗局勢中獲勝，只需鍛鍊身體技能就可以。這樣的對抗局勢雖然也可納入賽局論的研究範疇，但是這些並非賽局論研究者們最感興趣的話題。在更多的對抗局勢中，其勝負很大程度上甚至完全依賴於謀略技能。比如一場戰爭的勝負，往往取決於雙方的策略和戰術，而不是哪一方的統帥體力更好，武功更高。要在這樣的對抗局勢中獲勝，就需要鍛鍊謀略技能，也就是劉邦所說的「吾寧鬥智，不能鬥力」。眾所周知，楚漢相爭的結局是劉邦贏得了天下，項羽兵敗自刎而死。「鬥智」才是賽局論研究者深感興趣的，同時也是我們學習賽局論、運用賽局思維能夠有所收獲的。

在人生這個競技舞臺上，我們每一個人都渴望成功。運用賽局思維，懂得策略之道，恰恰滿足了我們獲得成功、避免失敗的心理要求，並使我們在所參與的賽局中取得利益的最大化。

賽局的均衡—納許均衡

無論進行哪一種賽局都會形成一種均衡，在各種均衡中有一個納許均衡。納許均衡是賽局的核心概念，那麼什麼是納許均衡？

納許均衡是指，每個賽局參與者都確信，在給定其他參與者策略決定的情況下，他選擇了最優策略以回應對手的策略。也就是說，所有人的策略都是最優的。而講解納許均衡的最著名的案例就是「囚徒困境」。

甲、乙兩個囚徒聯手作案，殺死了一個富翁。為了儘快破案，警察把兩人隔離開來，分別進行審訊，並告訴他們：如果都坦白，各判 5 年徒刑；如果一方抵賴，另一方坦白，則坦白方判 1 年，抵賴方判 10 年。但事實上，如果甲、乙都抵賴，警察找不到確切證據，只能以擾亂社會治安各判 2 年。甲、乙兩人都面臨決策。

顯然最好的策略是甲、乙都抵賴，結果是兩人都只被判 2 年。但是由於兩人處於隔離的情況下無法串供，按照西方賽局學家亞當斯密的理論，每一個人都是一個「理性的經濟人」，都會從利己的目的出發進行選擇。這兩個人都會有這樣一個盤算過程：假如他招了，我不招，得坐 10 年監獄，招了才 5 年，所以招了划算；假如我招了，他也招，得坐 5 年，他要是不招，我就只坐 1 年，而他會坐 10 年牢，也是招了划算。綜合以上幾種情況考慮，不管他招不招，對我而言都是招了划算。最終，兩個人都選擇了招，結果都被判 5 年刑期。原本對雙方都有利的策略（抵賴）和結局（被判 1 年刑）就不會出現。但是納許均衡說的是罪犯本身知道對方的策略選擇，比如甲認為乙會和他合作，從而選擇不招供，這樣的話，兩個罪犯所採取的策略就是最佳的。這種最佳的均衡就是策略選擇的納許均衡。這是一種合作性的納許均衡，這種均衡本身正是破解囚徒困境的途徑。

在知道對方策略的前提下，尋找一個合理的策略，而這個合理的策略，勢必要建立在一個牢固的基點之上，才能切實可行。這樣就達到了一個納許均衡。

《紅樓夢》裡面形容四大家族「一榮俱榮，一損皆損」。這是因為這四個家族中你中有我，我中有你，相互之間有利益的合作，也有親緣關係，結成一個牢固的聯盟。那麼，如果兩個同時處在困境中的人，也有這種利益、親緣的雙重關係，他們合作起來就會更加容易，而且形成的合力也會更大，正所謂「二人同心，其利斷金」。要做到「同心」，僅合作是不夠的，還需要一種近乎親情的親緣關係。顯然這是可遇而不可求的，因為親緣關係不是能夠隨便形成的。《紅樓夢》中四大家族屬於合作性的賽局，牽一髮動全身，都是相關的。他們彼此都知道其他人的策略，並知道自己選擇和他們合作的策略。四大家族綿延一體，不會產生不知道對方策略的困境，每次選擇都是一個納許均衡。比如薛蟠打死人後賈府的庇護，賈家與薛家的選擇就成了一個納許均衡。

納許均衡猶如一盞明燈，使人們從種種困惑中找到解釋其中原因的線索。所以，對於我們來說，了解一些賽局論知識，學會運用賽局思維，是非常必要而有效的。

賽局思維成就智慧人生

有生活就有賽局。在賽局中，有些時候對手不是別人，而是我們自己。美國已故總統艾森豪年輕的時候，有一次吃過晚飯後他跟家人一起玩紙牌，一連六盤，他拿到的都是最壞的牌。於是他變得不高興起來，嘴裡開始不停地埋怨。他的母親停了下來，對他說道：「如果你要繼續玩下去，就不要埋怨手中的牌怎麼樣。不管怎樣的牌發到手中，你都得拿著。你唯一能做的就是盡你所能，打好手裡的每一張牌，求得最好的結果。」

很多年過去了，艾森豪始終記著母親的話。他按照母親的話去對待生活，以積極的態度迎接每一次挑戰，經過不懈

的努力，最終成為美國總統。

獲得奧斯卡大獎的電影《美麗境界》，講述的是賽局論中納許均衡的創立者 —— 約翰·納許的人生歷程。

在這部電影中，有這樣一個情節：在普林斯頓大學裡，幾個男生正在酒吧裡商量著如何去追求一位漂亮女生。大家想了很多方法都覺得不是最理想的，而這時還在讀書的納許，開始運用他的「賽局論」思維，幫男生們出主意：「如果你們幾個都去追求那個漂亮女生的話，那她一定會擺足架子，誰也不理睬。這個時候，你們再想追求其他的女生，難度也會加大，因為別人會認為你們把她們當成了『次品』。」

幾個男生一聽，覺得納許說得很有道理，忙問他應該怎麼辦。納許說道：「你們應該首先去追求其他女生，那麼那個漂亮女生就會感到被孤立了，這時再去追她就容易得多。」納許的「賽局理論」說服了幾個男生，他們開始去追求漂亮女生周圍的女生，漂亮女生很快便形單影隻。不過這好像是納許故意安排的，因為他也看上了那個漂亮女生。結果很顯然，納許在賽局中獲勝，他成功追求到了漂亮女生。

運用賽局的思維，為自己贏得幸福，不僅僅是數學家和經濟學家才能做到，我們也同樣可以做到。在困境中，我們盡力作出明智的抉擇，實現資源的最佳利用。

第二章

賽局模型 —— 智慧生存的思維法則

鬥雞賽局：針尖對麥芒的困境

在鬥雞場上，兩隻英勇好戰、旗鼓相當的公雞狹路相逢。在這種情況下，每隻公雞都有兩個行動選擇：一個是退下來，另一個是進攻。

如果一方退下來，而對方沒有退下來，則對方獲得勝利；如果一方退下來，對方也退下來，雙方則打個平手；如果一方沒退下來，而對方退下來，則自己勝利，對方失敗；如果雙方都前進，則兩敗俱傷。

因此，對每隻公雞來說，最好的結果是對方退下來，而自己不退，但是這種結果很難實現，而且情況並不在自己的掌握之中。

如果兩隻公雞均選擇「前進」，結果是兩敗俱傷，兩者的收益是 -2 個單位，也就是損失 2 個單位；如果一方「前進」，另外一方「後退」，前進的公雞獲得 1 個單位的收益，贏得了面子，而後退的公雞獲得 -1 個單位的收益或損失 1 個單位，輸掉了面子，但沒有兩者均「前進」受到的損失大；兩者均「後退」，兩者均輸掉了面子，均獲得 -1 個單位的收益或 1 個單位的損失。

由此可見，鬥雞賽局有兩個納許均衡：一方進另一方退。但是我們無法據此預測鬥雞賽局的結果，因為無從了解誰進誰退，誰輸誰贏。

這是賽局論的一個理論模型。它描述的是兩個強者在對抗衝突的時候，如何能讓自己占據優勢，力爭得到最大收益，確保損失最小。

在現實中，大到美、中兩大國的貿易大戰，小到兩強相遇互不買單的悲劇婚姻，都可以用鬥雞賽局的模型來解釋。

賭徒賽局：注定要輸的遊戲

約翰·斯卡恩在他的《賭博大全》一書中寫道：「當你參加一場賭博時，你要因賭場工人設賭而給他一定比例的錢，所以你贏的機會就如數學家所說的是負的期望。當你使用一種賭博系統時，你總要賭很多次，而每一次都是負的期望，絕無辦法把這種負的期望變成正的期望。」

這就從客觀上點明了賭博注定會輸的原因。舉例說：假如你和一個朋友在家裡玩「猜硬幣」，無論誰輸誰贏，這都是一個零和遊戲——一個人贏多少錢，另一個人就輸多少錢，不必要花費成本（其實這樣說並不準確，你們都要花費時間成本）。但是在賭場中就不同了，賭場有各種成本投入，如設備、人員、房租等，更何況賭場老闆還要賺錢，這些開銷都要攤到賭客身上。姑且把這些開銷低估為 10%，也就是說，賭客們拿 100 元來賭，只能拿走 90 元，長期下去，每個人的收入肯定少於支出。

賭博就是賭機率，機率的法則支配所發生的一切。以機率的觀點，就不會對賭博裡的輸贏感興趣。因為雖然每一次下注是輸是贏，都是隨機事件，背後靠的是個人的運氣，但作為一個賭客整體，機率卻站在賭場一邊。賭場靠一個大的賭客群，從中抽頭賺錢。而賭客如果不停地賭下去，構成了一個大的賭博行為的基數，每一次隨機得到的輸贏就沒有了任何意義。在賭場電腦背後設計好的賠率面前，賭客每次下注，都沒有了意義。

賭博遊戲其實都是一樣的，背後邏輯很簡單：長期來看，肯定會輸，不過在遊戲過程中，也許會有領先的機會。如果策略正確，也許可以在領先時收手。但多數情況是，當一個人領先之後，繼續贏的欲望便會誘使他再一次下注，於是一個賭徒便出現了。而賭徒所玩的是一個必輸的遊戲。因為對於一個豪賭者而言，贏的機率是非常低的。

智豬賽局：行動之前開動腦筋

假設豬圈裡有一頭大豬、一頭小豬，它們在同一個食槽裡進食。豬圈的一頭有食槽，另一頭安裝著控制豬食供應的按鈕。按一下按鈕會有 10 個單位的豬食進槽，但是誰按按鈕就會首先付出 2 個單位的成本。若大豬先到槽邊，大小豬吃到食物的收益比是 9 ： 1；同時到槽邊，收益比是 7 ： 3；小豬先到槽邊，大小豬收益比是 6 ： 4。那麼，在兩頭豬都有智慧的前提下，最終結果是小豬選擇等待。

實際上小豬選擇等待，讓大豬去按控制按鈕的原因很簡單：在大豬選擇行動的前提下，小豬也行動的話，小豬可得到 1 個單位的純收益（吃到 3 個單位食品的同時也耗費 2 個單位的成本）。而小豬等待的話，則可以獲得 4 個單位的純收益，等待優於行動。在大豬選擇等待的前提下，小豬如果行動的話，小豬的收入將不抵成本，純收益為 -1 個單位。如果小豬也選擇等待的話，那麼小豬的收益為零，成本也為零。總之，等待還是要優於行動。

智豬賽局模型可以解釋為占有更多資源者，就必須承擔更多的義務。

智豬賽局存在的基礎，就是雙方都無法擺脫共存局面，而且必有一方要付出代價換取雙方的利益。而一旦有一方的力量足夠打破這種平衡，共存的局面便不復存在，期望將重新被設定，智豬賽局的局面也隨之被瓦解。

酒吧賽局：勝利者永遠只是少數

厄爾法羅酒吧問題，又稱少數派賽局是美國經濟學家 W· 布萊恩 · 亞瑟提出的，其理論模型是這樣的：

假設一個小鎮上總共有 100 人很喜歡泡酒吧，每個週末均要去酒吧活動或是待在家裡。這個小鎮上只有一間酒吧，能容納 60 人。並不是說超過 60 人就禁止入內，而是因為設計接待人數為 60 人，只有 60 人時酒吧的服務最好，氣氛最融洽，最能讓人感到舒適。第一次，100 人中的大多數去了這間酒吧，導致酒吧爆滿，他們沒有享受到應有的樂趣，多數人抱怨還不如不去。於是第二次，人們根據上一次的經驗，決定不去了。結果呢？因為多數人決定不去，所以這次去的人很少，去的人享受了一次高品質的服務。沒去的人知道後又後悔了：這次應該去呀。

問題是，小鎮上的人應該如何作出去還是不去的選擇呢？

小鎮上的人的選擇有如下前提條件的限制：每一個參與者面臨的資訊只是以前去酒吧的人數，因此只能根據以前的歷史數據歸納出此次行動的策略，沒有其他的資訊可供參考，他們之間也沒有資訊交流。

在這個賽局的過程中，每個參與者都面臨著一個同樣的困惑，即如果多數人預測去酒吧的人數超過 60 人而決定不去，那麼酒吧的人數反而會很少，這時候作出的預測就錯了。反過來，如果多數人預測去的人數少於 60 人，因而去了酒吧，那麼去的人會很多，超過了 60 人，此時他們的預測也錯了。也就是說，一個人要作出正確的預測，必須知道其他人如何作出預測。但是在這個問題上每個人的預測所根據的資訊來源是一樣的，即過去的歷史，而並不知道別人當下如何作出預測。

酒吧賽局的核心思想在於，如果我們在賽局中能夠知曉他人的選擇，然後作出與其他大多數人相反的選擇，就能在賽局中取勝。

獵鹿賽局：合作創造奇蹟

獵鹿賽局源自啟蒙思想家盧梭的著作《論人類不平等的起源和基礎》中的一個故事。

在古代的一個村莊，有兩個獵人。為了使問題簡化，假設主要獵物只有兩種：鹿和兔子。如果兩個獵人齊心合力，忠實地守著自己的職位，他們就可以共同捕得 1 隻鹿；要是兩個獵人各自行動，僅憑一個人的力量，是無法捕到鹿的，但可以抓住 4 隻兔子。

從能夠填飽肚子的角度來看，4 隻兔子可以供 1 個人吃 4 天；1 隻鹿可以供 2 個人共同吃 10 天。也就是說，對於兩位獵人，他們的行為決策就成為這樣的賽局形式：要麼分別打兔子，每人得 4；要麼合作，每人得 10。如果一個去抓兔子，另一個去打鹿，則前者收益為 4，而後者只能是一無所獲，收益為 0。這就是這個賽局的兩個可能結局。

比較獵鹿賽局，明顯的事實是，兩人一起去獵鹿的好處比各自打兔子的好處要大得多。獵鹿賽局啟示我們，雙贏的可能性是存在的，人們可以透過採取各種舉措達成這一局面。

但是，有一點需要注意，為了取得共贏，各方首先要做好有所失的準備。在一艘將沉的船上，我們所要做的並不是將人一個接著一個地拋下船去，減輕船的重量，而是大家齊心協力地將漏洞堵上。因為誰都知道，前一種結果是最終大家都將葬身海底。在全球化競爭的時代，共生共贏才是企業的重要生存策略。為了生存，賽局雙方必須學會與對手共贏，把社會競爭變成一場雙方都得益的正和賽局。

蜈蚣賽局：學會以結果為導向思考問題

蜈蚣賽局是由羅森塞爾提出的。蜈蚣賽局的原型為：A、B 兩個人，可以採取合作或者不合作兩種策略，若選擇不合作就不能繼續賽局了。假如要賽局 100 場的話，那麼 A、B 兩人的收益情況如下所示：

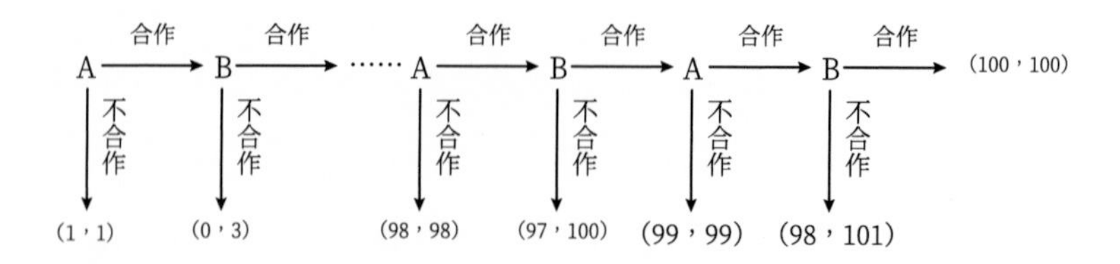

由於這一圖形看起來像一條蜈蚣，所以此賽局模型被稱為蜈蚣賽局。在上述蜈蚣賽局中，如果 A、B 兩人都一直採用合作的策略，那麼結果兩個人的收益都是 100，這無疑是一個讓人滿意的結果。但問題是，對於 B 來講，還存在著比一直合作更優的策略，那就是在最後一步選擇不合作，這樣他就可以得到 101 的收益了。而對這一點，A、B 兩人心裡都很清楚，A 因為知道 B 會在最後一步賽局，所以在倒數第二步就選擇了不合作；B 知道 A 會在倒數第二步不合作，於是在倒數第三步不合作……這樣倒推下去，結果必定是 A 在第一步就選擇不合作，A、B 兩人的收益分別為（1，1）。

這個結果讓人感到沮喪和遺憾，本來兩人有希望得到（100，100）的收益，可最終的結果卻是（1，1），這個結果違反了人的直覺，與原本的期望值相差甚遠。所以，此賽局也被稱為蜈蚣賽局悖論。

但是在現實中，情況並沒有這麼糟糕。因為現實中的人們可以事先達成一致意見，然後再進行決策。倒是其中的倒推法，在一定的條件下會成為我們分析問題的有效工具。

鷹鴿賽局：強硬與溫和的演繹

有一種賽局，兩方進行對抗有侵略型與和平型兩種策略，稱為鷹鴿賽局或膽小鬼賽局（hawk–dove game）或雪堆

賽局（snowdrift game）（英語：the game of chicken，又譯懦夫賽局、小雞遊戲）。

鷹搏鬥起來總是凶悍霸道，全力以赴，孤注一擲，除非身負重傷，否則絕不退卻。而鴿是以高雅的方式進行威脅、恫嚇，從不傷害對手，往往委曲求全。如果鷹與鴿搏鬥，鴿就會迅即逃跑，因此鴿不會受到傷害；如果鷹跟鷹搏鬥，就會一直打到其中一隻受重傷或者死亡才罷休；如果是鴿與鴿相遇，那就誰也不會受傷，直到其中一隻鴿讓步為止。每只動物在搏鬥中都選擇兩種策略之一，即「鷹策略」或是「鴿策略」。

對於為生存競爭的每只動物而言，如果「贏」相當於「+5」，「輸」相當於「-5」，「重傷」相當於「-10」的話，最好的結局就是對方選擇鴿而自己選擇鷹策略（自己 +5，對手 -5），最壞的結局就是雙方都選擇鷹策略（雙方各 -10）。

相比來說，鷹派更注重實力，而鴿派更注重道義；鷹派注重利益，鴿派注重信義；鷹派注重眼前，鴿派注重長遠；鷹派注重戰術，鴿派注重策略；鷹派傾向於求快，鴿派傾向於求穩。但是，鷹派與鴿派到底何者更好一些，恐怕難以一概而論。此一時，彼一時，此一處，彼一處，不同的條件、不同的目標等因素使得鷹派、鴿派各有其存在的根據和發展的空間，應該具體情況具體對待。

鷹鴿演進賽局的穩定演進策略共有三種：一種是鷹的世

界，即霍布斯的原始叢林；一種是鴿的天堂，即各種烏托邦；還有一種是鷹鴿共生演進的策略，即混合採取強硬或者合作的策略。

槍手賽局：弱者的生存智慧

A、B、C 三個彼此仇視的槍手，在街上不期而遇，瞬間氛圍緊張到了極點。在這三個人中，A 的槍法最好，十發八中；B 的槍法次之，十發六中；C 的槍法最差，十發四中。

這時，如果三人同時開槍，並且每人只開一槍，第一輪槍戰後，誰活下來的機會大一些？很多人認為 A 的槍法好，活下來的可能性大一些，但結果並非如此，存活機率最大的是槍法倒數第一名的 C。其實，只要分析一下各個槍手的策略，就能明白其中的原因了。

槍手 A 的最佳策略是先對槍手 B 開槍。因為 B 對 A 的威脅要比 C 對 A 的威脅更大，A 應該首先殺掉 B。同理，槍手 B 的最佳策略是第一槍瞄準 A。B 一旦將 A 殺掉，再和 C 進行對決，B 勝算的機率自然大很多。槍手 C 的最佳策略也是先對 A 開槍。B 的槍法畢竟比 A 差一些，C 先把 A 殺掉再與 B 進行對決，C 的存活機率要高一些。

如果改變遊戲規則，假定 A、B、C 不是同時開槍，而是他們輪流開一槍。

先假定開槍的順序是A、B、C，A一槍將B殺掉後（80%的機率），就輪到C開槍，C有40%的機率一槍將A殺掉。即使B躲過A的第一槍，輪到B開槍，B還是會瞄準槍法最好的A開槍。即使B這一槍殺掉了A，下一輪仍然是輪到C開槍。無論是A還是B先開槍，C都有在下一輪先開槍的優勢。

如果是C先開槍，情況又如何呢？C可以向A先開槍，即使C打不中A，A的最佳策略仍然是向B開槍。但是，如果C打中了A，下一輪可就是B開槍打C了。因此，C的最佳策略是胡亂開一槍，只要C不打中A或者B，在下一輪射擊中他就處於有利的形勢。

從這個模型中我們發現，三個槍手中實力最強的A的存活率最低，結局最慘。槍手賽局告訴我們：一位參與者最後能否勝出，不僅僅取決於自己的實力，更取決於實力對比關係以及各方的策略。

重複賽局：蟄伏中的理性較量

重複賽局是一種特殊的賽局。在賽局中，相同結構的賽局重複多次，甚至無限次。我們知道，在單個的囚徒困境賽局中，雙方採取對抗的策略可使個人收益最大化。假設甲、乙兩人進行賽局，甲、乙均採取合作態度，雙方的收益均為

50 元；甲合作、乙對抗，則甲的收益為 0，乙的收益為 100 元；乙合作、甲對抗，則甲的收益為 100 元，乙的收益為 0；甲、乙兩人均對抗，則雙方收益均為 10 元。由此我們可以看到，如果雙方都合作，每個人都將得到 50 元，而如果雙方都對抗，則各自只能得到 10 元。那麼人們為什麼還會選擇對抗而不是合作呢？原因就在於這是一個一次性賽局的囚徒困境 —— 既然無論對方選擇什麼，選擇對抗都是我們的最優策略，那麼只要我們稍微理性一點，就會自然選擇對抗。

如果就一次性賽局來說，對抗是必然的結果。但是，如果甲、乙具有長期關係（比如他們是生意上的長期合作者），那麼情況則有所改觀。因為我們可以作如下推理：如果雙方一直對抗，那麼大家每次都只能獲得 10 元的收益，而如果合作，則每次都可得到 50 元。最重要的是，假定甲選擇合作而乙選擇對抗，那麼乙雖然在這一次可以多得到 50 元（100-50），但從此甲不會再與他合作，乙就將會損失以後所有能得到 50 元的機會。因此從長遠利益來看，選擇對抗對雙方而言並不聰明，合作反而是兩人最好的選擇。

這也真實地反映了日常生活中人們合作與對抗的關係。比方說，在公車上，兩個陌生人會為一個座位爭吵，因為他們彼此知道，這是一次性賽局，吵過了誰也不會再見到誰，因此誰也不肯吃虧；可如果他們相互認識，就會相互謙讓，因為他們知道，兩者以後還會有碰面甚至交往的可能。兩個朋友因為什麼事情發生了爭吵，如果不想徹底決裂，通常都會在爭吵中留有餘地，因為兩人日後還要重複賽局。

策略賽局：亮出手中的優勢牌

按照賽局論的觀點，各方均有一個優勢策略的賽局是最簡單的一種賽局。雖然其中存在策略互動，卻有一個可以預見的結局：全體參與者都會選擇自己的優勢策略，完全不必理會其他人會怎麼做。

但並不是所有賽局都有優勢策略，哪怕這個賽局只有一個參與者。實際上，優勢與其說是一種規律，不如說是一種例外。雖然出現一個優勢策略可以大大簡化行動的規則，但這些規則卻並不適用於大多數現實生活中的賽局。這時候我們必須用到其他原理。

一個優勢策略優於其他任何策略，同樣，一個劣勢策略則劣於其他任何策略。假如我們有一個優勢策略，應該選擇採用，並且知道對手若是有一個優勢策略他也會照辦；同樣，假如我們有一個劣勢策略，我們應該避免採用，並且知道對手若是有一個劣勢策略他也會規避。

假如我們只有兩個策略可以選擇，其中一個是劣勢策略，那麼另一個一定是優勢策略。因此，與選擇優勢策略做法完全不同的規避劣勢策略做法，必須建立在至少一方擁有至少兩個策略的賽局的基礎之上。在沒有優勢策略的情況下，我們要做的就是剔除所有劣勢策略，不予考慮，如此一步一步做下去。

假如在這麼做的過程當中，在較小的賽局裡出現了優勢策略，應該一步一步挑選出來。假如這個過程以一個獨一無二的結果告終，那就意味著你找到了參與者的行動指南以及這個賽局的結果。即便這個過程不會以一個獨一無二的結果告終，它也會縮小整個賽局的規模，降低賽局的複雜程度。

利用優勢策略方法與劣勢策略方法進行簡化之後，整個賽局的複雜度已經降到最低程度，不能繼續簡化，而我們也不得不面對循環推理的問題。我們的最佳策略要以對手的最佳策略為基礎，反過來從對手的角度分析也是一樣。

髒臉賽局：以人推己的最佳策略

有甲、乙、丙三個人，他們每個人的臉都是髒的。設定沒有一個人有鏡子，且不許相互告知資訊，因此每個人只能夠看到別人的臉是髒的，但無法知道自己的臉是否是髒的。如果三人之外的 A 告訴他們：「你們三人的臉至少有一人是髒的。」因為三個人中的任何一個人都知道另外兩個人的臉是髒的，因此充其量只是把事實重複了一遍而已。這看似一句廢話，然而它卻是具有信號傳遞作用的關鍵資訊，它使三個人之間擁有共同資訊成為可能。假定三個人都具有一定的邏輯分析能力，那麼至少將有一人能夠確切地知道自己的臉是否是髒的。

下面我們對此進行推理：

(1) 甲只能看到乙、丙的臉是髒的，這符合「你們三人的臉至少有一人是髒的」的描述，因此甲無法確切地告訴 A 自己的臉是否是髒的。但這隱含著乙、丙的臉不可能都是乾淨的，否則甲若觀察到乙、丙的臉都是乾淨的，那麼甲就可以果斷地判斷出自己的臉是髒的，即甲不可能無法確定自己的臉是否是髒的。

(2) 乙得知甲無法確切地說出自己的臉是否是髒的，得知乙、丙的臉不可能都是乾淨的這一推論。他同時又看到丙的臉是髒的，這符合「你們三人的臉至少有一人是髒的」的描述，因此乙依然無法確切地說出自己的臉是否一定是髒的。

(3) 丙根據甲、乙不能夠確切地說出他們各自的臉是否一定是髒的這一已知事實，肯定可以推斷出自己（丙）的臉一定是髒的。推理如下：

聯絡 (1)、(2) 進行反向推理，由於甲無法確切地告訴 A 自己的臉是否是髒的，隱含著乙、丙的臉不可能都是乾淨的。若丙的臉是乾淨的，那麼乙一定能夠確切地知道自己（乙）的臉是髒的，但是乙無法作出判斷的事實，等於給丙傳遞了一個信號。丙根據甲、乙共同傳遞的信號，判斷自己的臉一定是髒的。

多人賽局：集體行動的邏輯

從前有座山，山上有個廟，廟裡住個和尚，和尚每天都到山下的小河裡挑水喝。後來廟裡又來了一個和尚，兩人誰都不想一個人去挑水，於是變成兩人每天到山下抬水喝。再後來又來了一個和尚，抬水不好分工了，大家都堅持不去挑水，最後三個和尚都渴死了。

這個耳熟能詳的故事，向我們揭示了一個多數人賽局所面臨的困境，同時也刻畫了一個經濟學中廣為人知的命題 —— 集體行動的邏輯，搭便車問題（英語：free-rider problem）。這個命題是由美國著名經濟學家、公共選擇理論奠基者曼瑟爾·奧爾森提出的。

社會學家們往往假設：一個具有共同利益的群體，一定會為實現這個共同利益採取集體行動。例如，同一社區的人會保持公共環境衛生；消費者會組織起來與售賣偽劣產品的商家抗爭；持有同一公司股票的人會齊心協力扶持該股票的價格；同一國家的國民會支援本國貨幣的堅挺……這些例子

實在是不勝枚舉。

但是奧爾森卻發現，這個假設不能很好地解釋和預測集體行動的結果，許多合乎集體利益的集體行動並沒有發生。相反，個人自發的自利行為往往導致對集體不利甚至極其有害的結果。

集體行動的成果具有公共性，所有集體的成員都能從中受益，包括那些沒有分擔集體行動成本的成員。例如，濫竽充數的南郭先生不會吹竽，卻混進了宮廷樂隊。雖然他實際上沒有參加樂隊合奏這個集體行動，但他表演時毫不費力地裝模作樣仍然使他得以分享國王獎賞這個集體行動的成果。如果我們把集體行動問題嵌入賽局學，會發現可以有很多不同的版本：囚徒困境式的集體行動，即在賽局中每個參與者都會採取背叛的策略；智豬賽局式的集體行動，每個賽局的參與者都企圖搭便車；等等。總之，多人賽局中往往會遭遇集體行動的種種問題。

協和謬誤：不要將錯誤進行到底

某件事情投入了一定成本、進行到了一定程度後發現不宜繼續下去，卻苦於各種原因而將錯就錯，欲罷不能，這種狀況在賽局論上被稱為協和謬誤。協和謬誤也被稱為騎虎難下的賽局，一旦進入這種弈局，及早抽身是明智之舉。然而，當局者往往做不到，這就是所謂的當局者迷。

這種協和謬誤經常出現在國家之間，也出現在企業或組織之間，當然個人之間也經常碰到。1960 年代，美國介入越南就是協和謬誤。賭紅了眼的賭徒輸了錢還要繼續賭下去以希望翻本，也是協和謬誤。其實，從賭徒進入賭場開始賭博時，他就已經進入了騎虎難下的狀態，因為賭場從機率上講是肯定贏的。從理論上講，賭徒與賭場之間的賽局如果是多次的，那麼賭徒肯定會輸，因為賭徒的「資源」與賭場的「資源」相比實在太少了。如果賭徒的資源與賭場的資源相比很大，那麼賭場有可能會輸；如果賭徒的資源無限大，且有必贏的欲望，那麼賭徒肯定會贏。因此，像葡京這樣的賭場要設定賭博數額的限制。

關於伊拉克戰爭，有人說美國勝利了，也有人說美國失敗了。說美國勝利的人，只是從軍事角度看問題，認為美國已經打敗了海珊；說美國失敗的人，是從策略全局，從政治、軍事、經濟、社會等綜合角度看問題。無論這場戰爭美國是勝是敗，從賽局論的觀點來分析，有一點是確定無疑的，那就是美國陷入了協和謬誤。

零和賽局：有贏有輸的遊戲

零和遊戲，就是零和賽局，是賽局論的一個基本概念，意思是雙方賽局，一方得益必然意味著另一方吃虧，一方得益多少，另一方就吃虧多少。之所以稱為「零和」，是因為將勝負雙方的「得」與「失」相加，總數為零。

一個遊戲無論幾個人來玩，總有贏家和輸家，贏家所贏的都是輸家所輸的，所以無論贏輸多少，正負相抵，最後遊戲的總和都為零，這就是零和遊戲。

零和賽局屬於非合作賽局。在零和賽局中，雙方是沒有合作機會的。各賽局方決策時都以自己的最大利益為目標，結果是既無法實現集體的最大利益，也無法實現個體的最大利益。零和賽局是利益對抗程度最高的賽局，甚至可以說是你死我活的賽局。

有一個流傳頗廣的經濟學家吃屎的笑話，可以說就是零和賽局的翻版。笑話內容是這樣的：兩個經濟學家甲和乙，兩人在路上走，發現一坨狗屎。甲對乙說：「你把它吃了，我給你 100 萬元。」乙一聽，這麼容易就賺 100 萬元，臭就臭點吧，大不了拿了錢去洗胃，於是就把屎吃了。

兩人繼續走，心裡都有點不平衡。甲白白損失了 100 萬元，什麼也沒撈著；乙雖說賺了 100 萬元，但是吃了坨狗屎心裡也悶得慌。偏巧這時兩人又發現一坨屎，乙終於找到了平衡，對甲說：「你把它吃了，我也給你 100 萬元。」甲一想損失的 100 萬元能賺回來，吃坨屎算什麼，乙不是也吃了嗎？於是也把坨屎吃了。

走著走著，乙經濟學家忽然緩過神來了。他對甲說：「不對啊，我們誰也沒有賺到錢，卻吃了兩坨狗屎……」甲也緩過神來，思考了一會兒說：可是，我們創造了200萬元的GDP啊！

這個笑話正是一個零和賽局的範本。我們可以看到，在零和賽局中，當幾次賽局下來如果雙方輸贏情況相等，則財富在雙方間不發生轉移。可見零和賽局是一場有贏有輸的遊戲，但它並不能實現財富的增值，受益方受益建立在受損方的痛苦之上，並不能實現雙方的有利共贏。

非零和賽局：兩敗俱傷與互利雙贏的權衡

非零和賽局是一種非合作下的賽局，賽局中各方的收益或損失的總和不是零值，它區別於零和賽局。在非零和賽局中，一個局中人的所得並不一定意味著其他局中人要遭受同樣數量的損失。也就是說，賽局參與者之間不存在「你之得即我之失」這樣一種簡單的關係。譬如，在戀愛中一方受傷的時候，對方並不是一定得到滿足。有可能雙方一起得到精神上的滿足，也有可能雙方一起受傷。通常，彼此精神的損益不是零和的。又如，目前的中美關係，就並非「非此即彼」，而是可以合作雙贏。

正和賽局與負和賽局都屬於非零和賽局。

正和賽局是一種雙方都得到好處的賽局。通俗地說，就是指雙贏。比如我們的貿易談判基本上都是正和賽局，也就是要達到雙贏。雙贏的結果是透過合作來達到的，必須是建立在彼此信任基礎上的一種合作，是一種非對抗性賽局。雙贏的賽局可以體現在各個方面，商場上雙贏的合作賽局是用得最充分的一種。

負和賽局是指雙方衝突和鬥爭的結果是所得小於所失，就是我們通常所說的其結果的總和為負數，也是一種兩敗俱傷的賽局，結果雙方都有不同程度的損失。比如在生活中，兄弟姐妹相互間爭東西，其結果就很容易形成兩敗俱傷的負和賽局。一對雙胞胎姐妹，媽媽買了兩個玩具給她們倆人，一個是金髮碧眼、穿著民族服裝的捷克娃娃，另一個是會自動跑的玩具越野車。看到捷克娃娃，姐妹倆同時喜歡上了，而都討厭越野車玩具，她們一致認為，越野車這類玩具是男孩子玩的，所以，她們兩個人都想獨自占有那個可愛的娃娃，於是矛盾便出現了。姐姐想要那個娃娃，妹妹偏不讓，妹妹想獨占，姐姐又不同意，於是，乾脆把玩具扔掉，誰都別想要。

第三章

經濟篇 —— 參透經濟學中的賽局思維

劉備為何能「借」走荊州

西元 208 年，孫權、劉備聯軍在赤壁一帶大敗曹操軍隊，從而奠定了三國鼎立的局面。但是在赤壁之戰爆發以前，孫權集團內部形成了以張昭為首的投降派和以周瑜、魯肅為首的主戰派。弱小的劉備集團派諸葛亮與孫權商議聯吳抗曹，孫權經過慎重考慮，最終決定與劉備結盟，共同抗擊曹操，儘管當時劉備只有萬餘人的兵力。

曹操 20 多萬軍隊在長江北岸，而孫劉聯軍約 5 萬軍隊在長江南岸。周瑜鑒於敵眾己寡，久持不利，決意尋機速戰。部將黃蓋針對曹軍連環船的弱點，建議火攻，得到讚許。黃蓋立即遣人送偽降書給曹操，隨後帶船數十艘出發，前面 10 艘滿載浸油的乾柴草，以布遮掩，插上與曹操約定的旗號，並繫輕快小艇於船後，順東南風駛向曹操陣營。接近對岸時，戒備鬆懈的曹軍皆爭相觀看黃蓋來降。此時，黃蓋下令點燃柴草，各自換乘小艇退走。火船乘風闖入曹軍船陣，頓時一片火海，迅速延及岸邊營屯。

孫劉聯軍乘勢攻擊，曹軍傷亡慘重。曹操已不能挽回敗局，下令燒餘船，引軍退走。此役過後，實力最弱的劉備得到了最大的勝利果實 —— 荊州被順利「借」走。

赤壁之戰後的結果看似有欠公允，其實是形勢使然。因為面對曹操的進攻，如果孫權和劉備都選擇投降，則孫權的損失要比劉備大得多。劉備可以說是「光腳的不怕穿鞋的」，他沒有多少可損失的東西。在這樣情形下，只要孫權是一個理性人，他就必然要選擇抗曹的策略。因為他首先要維護自己集團的利益，至於在維護的同時，被劉備揀了便宜，那也沒辦法。

孫劉聯合抗曹這件事正切合了前面所介紹的智豬賽局模型。赤壁之戰中的孫權一方其實扮演的就是智豬賽局中「大豬」的角色，劉備一方則是揀了大便宜的「小豬」。赤壁正面迎戰的是孫權，出最多力的也是孫權，但最大的勝利果實——荊州卻被劉備摘去。多出力並沒有多得，少出力並沒有少得，這就是孫劉在赤壁之戰中的賽局結果。

智豬賽局在社會其他領域也很普遍。在一個股份制公司中，股東都承擔著監督總經理的職能，但是大小股東從監督中獲得的收益大小不一樣。在監督成本相同的情況下，大股東從監督中獲得的收益明顯大於小股東。因此，小股東往往不會像大股東那樣去監督經理，而大股東也明確無誤地知道不監督是小股東的優勢策略，知道小股東要搭自己的便車，但大股東別無選擇。大股東選擇監督經理的責任、獨自承擔監督成本，是在小股東占優選擇的前提下必須選擇的最優策略。這樣一來，從每股的淨收益來看，小股東要大於大股東。

這樣的客觀事實為那些「小豬」提供了一個十分有用的成長方式。僅僅依靠自身的力量而不借助於外界的力量，是很難成功的。我們看一下智豬賽局就能明白這一點：小豬的優勢策略是坐等大豬去按按鈕，然後從中受益。也就是說，小豬在賽局中擁有後發優勢。在賽局中，搶占先機並不總是好事，因為這麼做會暴露我們的行動。對手可以觀察我們的選擇，作出他自己的決定，並且會利用我們的選擇盡可能占便宜。

到底是選擇先發還是後發，在賽局論中，就要先分析形勢，按照風險最小、利益最大的原則，把風險留給對手，把獲益的機會把握在自己手中，做一隻「聰明的小豬」。

共同知識引發的奇怪推理

有這麼一個村莊，村裡有 100 對夫妻，他們都是道地的邏輯學家。

但這個村裡有一些奇特的風俗：每天晚上，村裡的男人們都點起篝火，繞圈圍坐舉行會議，會議議題是談論自己的妻子。在會議開始時，如果一個男人有理由相信他的妻子對他總是忠貞的，那麼他就在會議上當眾讚揚她的美德。如果在會議之前的任何時間，只要他發現妻子不貞的證據，那麼他就會在會議上悲鳴痛哭，並祈求神靈嚴厲懲罰她。再則，如果一個妻子曾有不貞，那麼她和她的情夫會立即告知村裡除她丈夫之外所有的已婚男人。這個風俗雖然十分奇怪，但是人人遵守。

事實上，這個村子每個妻子都已對丈夫不忠。每個丈夫都知道除自己妻子之外，其他人的妻子都是不貞的女子，因而每個晚上的會議上，每個男人都讚美自己的妻子。這種狀況持續了很多年，直到有一天來了一位傳教士。傳教士參加了篝火會議，並聽到每個男人都在讚美自己的妻子，他站起來走到圍坐圓圈的中心，大聲地提醒說：「這個村子裡有一個妻子已經不貞了。」

在此後的 99 個晚上，丈夫們繼續讚美各自的妻子，但在第 100 個晚上，他們全都悲鳴痛哭，並祈求神靈嚴懲自己的妻子。

這是一個有趣的推理過程：由於這個村裡的每個男人都知道另外的 99 個女人對自己的丈夫不忠，當傳教士說「有一個妻子已經不貞了」，由此並不能必然推出這個不貞的女人是自己的妻子，因為他知道還有 99 個女人對自己的丈夫不忠貞。

於是這樣的推理持續了 99 天，前 99 天每個丈夫都無法確切懷疑自己的妻子，而當第 100 天的時候，如果還沒有人慟哭，那表明所有的女人都忠於自己的丈夫，顯然與「有一個妻子已經不貞了」的事實相悖。於是，每個男人都可確切推理出來自己的妻子已經紅杏出牆。整體推論結果便是：這100個妻子都出軌了。

應該說，傳教士對「有一個妻子已經不貞了」這個事實的宣布，似乎並沒有增加這些男人對村裡女人不忠貞行為的知識，他們其實都知道這個事實。但為什麼第100天他們都傷心欲絕呢？根源還在於共同知識的作用。對一個事件來說，如果所有賽局當事人對該事件都有了解，並且所有當事人都知道其他當事人也知道這一事件，那麼該事件就是共同知識。

在生活交際中，共同知識起著一種不可或缺的作用，只不過多數時候我們並沒有留心而已。舉一個簡單的例子：小王決定做一個體檢，在經歷抽血、超音波等多種檢查後，發現有一項「屈光不正」需要去眼科診療。花了兩百元錢的掛號費後，小王根據指引去做光學檢查，但他後來才發現其實就是配眼鏡。原來，「屈光不正」就是近視眼。「屈光不正」是醫學工作者的共同知識，但小王卻並不清楚這樣的知識，以致讓自己多花冤枉錢。

由此可以看出，沒有共同知識的賽局，會給整個社會無端增加許多交易成本。共同知識無處不在。對於我們而言，多掌握一些共同知識，對生活具有重要的意義。

烏龜為什麼要和兔子合作

我們不得不承認這麼一個事實：我們每個人的能力都是有限的，在爭生存、求發展的奮鬥中，只有堅持團結合作，才有可能獲得最終的成功。獵鹿賽局啟示我們，雙贏的可能性是存在的，而且人們可以透過採取各種措施達成這一局面。

有位經濟學家講過新龜兔賽跑的故事：龜兔賽跑，第一次比賽兔子輸了，要求賽第二次。第二次龜兔賽跑，兔子吸取經驗，不再睡覺，一口氣跑到終點。兔子贏了，烏龜又不服氣，要求賽第三次，並說前兩次都是兔子指定路線，這次得由它自己指定路線跑。結果兔子又跑到前面，快到終點了，一條河把路擋住，兔子過不去，烏龜慢慢爬到了終點，第三次烏龜贏。它們又商量賽第四次。烏龜說：「我們為什麼要一直競爭？我們合作吧。」於是，陸地上兔子馱著烏龜跑，過河時烏龜馱著兔子游，它們同時抵達終點。

這個故事告訴我們雙贏才是最佳的合作效果，合作是利益最大化的武器。許多時候，對手不僅僅只是對手，正如矛盾雙方可以轉化一樣，對手也可以變為助手和盟友。商場中只有永遠的利益，沒有永遠的敵人。

作為競爭的參與者，每個人都要分清自己所參與的是哪種賽局，並據此選擇自己最合適的策略。有對手才會有競爭，有競爭才會有發展，才能實現利益的最大化。如果對方的行動有可能使自己受到損失，應在保證基本得益的前提下盡量降低風險，與對方合作。

「一錘子買賣」為什麼會時常發生

清人的《笑笑錄》中記載了這樣一則笑話：

有一個人去理髮鋪剃頭，剃頭匠給他剃得很草率。剃完後，這人付給剃頭匠雙倍的錢，什麼也沒說就走了。

一個多月後的一天，這人又來理髮鋪剃頭。剃頭匠想此人上次多付了錢，覺得他闊綽大方，為討其歡心，多賺他的錢，便竭力為他剃，事事周到細緻，多用了一倍的工夫。剃完後，這人便起身付錢，反而少給了許多。剃頭匠不願意，說：「上次我為您剃頭，剃得很草率，您尚且給了我很多錢；今天我特別用心，你為何反而少付錢呢？」

這人不慌不忙地解釋道：「今天的剃頭錢，上次我已經付給你了，今天給你的錢，正是上次的剃頭費。」說著大笑而去。

這個故事說明，當發生有限次的賽局時，只要臨近賽局的終點，賽局雙方會採取不合作策略的可能性加大。理髮的人必定不會再到這個理髮鋪來剃頭，因此他才採取了不合作的策略。

一次性賽局的大量存在，引發了很多不合作的行為。在現實的世界中，所有真實的賽局只會反覆進行有限次，但正如剃頭匠不知道客人下一次是否還會光顧一樣，沒有人知道賽局的具體次數。既然不存在一個確定的結束時間，那麼這種相互的賽局一定會持續下去，賽局雙方往往會採取合作的方式，實現階段性的成功。因此，從賽局的角度出發，只要仍然存在繼續合作的機會，背叛將會受到抑制。

一般而言，在經歷多次的賽局之後，會達到一個均衡點 —— 納許均衡。在納許均衡上，每個參與者的策略是最好的，此時沒有人願意先改變或主動改變自己的策略。也就是說，此時如果他改變策略，他的收益將會降低，每一個理性的參與者都不會有單獨改變策略的衝動。因此，在經歷了多次的重複賽局後，賽局的雙方都不希望這種最優狀態發生改變，這種相對穩定的結構會一直持續下去，直到賽局的終點。

坐山觀虎鬥—坐收漁人之利

卞莊子發現了兩隻老虎，準備刺殺老虎。身旁的旅店僕人勸阻他說：「您看兩隻老虎正在吃同一頭牛，它們一定會因為肉味甘美而互相搏鬥起來。兩虎相鬥，大者必傷，小者必死。到那時候，您跟在受傷老虎的後面刺殺傷虎，就能一舉得到刺殺兩頭老虎的美名。」卞莊子覺得僕人說得很有道理，便站立在一旁。

過了一會兒，兩隻老虎果然為了爭肉廝咬扭打起來，小虎被咬死，大虎也受了傷。卞莊子揮劍跟在受傷老虎的後面刺殺，果然不費吹灰之力就刺死傷虎，一舉獲得兩虎。

卞莊子的策略就是「坐山觀虎鬥」，最終獲得了自己所希望的結果。面對不止一個對手的時候，切不可操之過急，免得反而促成他們聯手對付自己。這時最正確的方法是靜觀不動，等待適當時機再出擊。這正體現了前面所提到的槍手賽局的模型。

賽局的精髓在於參與者的策略相互影響、相互依存。對於我們而言，無論對方採取何種策略，均應採取自己的最優策略。

鄭堂燒畫—做善用策略欺騙的高手

在現實的賽局活動中，策略欺騙是重要的賽局智慧。策略欺騙就是參與者之間往往對自己和對方的優勢和劣勢都瞭如指掌，而且會想方設法地加以利用，把對方弱點作為突破防線的重點。

一個善用策略欺騙的人，既要有自知之明，更要能利用對手對自己的習慣及固有特點的了解，出其不意，把對手誘入局中。不過最重要的是，我們應該在生活中合理利用策略欺騙。

明朝正德年間，福州府城內有位秀才鄭堂開了家字畫店，生意十分興隆。有一天，一位叫龔智遠的人拿來一幅傳世之作《韓熙載夜宴圖》押當，鄭堂當場付銀 8,000 兩，龔智遠答應到期償還 15,000 兩。一晃就到了取當的最後期限，卻不見龔智遠來贖畫，鄭堂感覺到有些不大對勁，取出原畫一看，竟是幅贗品。鄭堂被騙走 8,000 兩銀子的消息，一夜之間不脛而走，轟動全城。

兩天之後，受騙的鄭堂卻作出一個讓人大跌眼鏡的決定。他在家中擺了幾十桌酒席大宴賓客，遍請全城的士子名流和字畫行家赴會。酒至半酣，鄭堂從內室取出那幅假畫掛在大堂中央，說道：「今天請大家來，一是向大家表明，我鄭堂立志字畫行業，絕不會因此打退堂鼓，二是讓各位同行們見識假畫，引以為戒。」待到客人們一一看過之後，鄭堂把假畫投入火爐，8,000 兩銀子就這樣付之一炬。鄭堂的燒畫之舉再次轟動全城。

第二天一大早，那個本已銷聲匿跡的龔智遠早早來到鄭堂的字畫店裡，推說是有要事耽誤了還銀子的時間。鄭堂說：「無妨，只耽誤了三天，但是需加三分利息。」鐵算盤一打，本息共計是 15,240 兩銀子。龔智遠昨夜得知自己的那幅畫已經被他燒了，所以有恃無恐地要求以銀兌畫。鄭堂驗過銀子之後，從內堂取出一幅畫，龔智遠冷笑著打開一看，不由得頭暈目眩、兩腿發軟，當下就癱倒在地。

原來，鄭堂依照贗品仿造了另一幅假畫，他燒掉的正是自己仿造的假畫。

鄭堂的策略欺騙之所以能奏效，在於鄭堂將計就計，反過來運用自己的策略，請騙子龔智遠入甕，聰明的龔智遠反倒成了傻子。這裡的關鍵在於為了贏對方而自願增加自己的行動步驟，甚至付出暫時的代價以誘敵深入。

在現實經濟生活中，我們接收到的資訊十分龐雜，真資訊、假資訊疊加在一起，即使是理性經濟人也無從分辨。在賽局過程中，賽局的參與者所發出的資訊往往並不真實。比如說市場中的買方，因為怕自己得不到商品的真實資訊而吃虧，面對紛繁的資訊來源，買方必須運用自己的資訊識別能力來作出決策。如果我們要買一件價格比較貴的名牌包，就需要鑑別真假。當我們正在猶豫要不要買時，老闆有可能將他進貨的發票在我們面前晃一下，以表示這是正品，並且表示這樣的價格他已經是在虧本出售。實際上，他根本不會讓我們看到發票的真實資訊。所以，千萬不要被眼前的假象所迷惑。

賽局論中的策略欺騙對於我們的啟示在於，我們應該將自己所收集到的資訊綜合起來調動全部智慧加以運用，盡可能獲取整個事情的真相，從而讓自己生活在真實的世界中。

需要明確的是，策略欺騙並不是讓我們學會「騙」，而是讓我們利用賽局論的知識，在市場行為中為自己謀取最大的利益。

什麼樣的威脅才具有可信度

在賽局論中，有一種威脅策略，它是對不肯合作的人進行懲罰的一種回應規則。假如要透過威脅來影響對方的行動，就必須讓自己的威脅不超過必要的範圍。因此，在賽局中，一個大小恰當的威脅應該是足以奏效，又足以令人信服的。如果威脅大而不當，對方難以置信，而自己又不能說到做到，最終就不能造成威脅的作用。

賽局的參與者發出威脅的時候，首先可能認為威脅必須足以嚇阻或者強迫對方，接下來才考慮可信度，即讓對方相信，假如他不肯從命，一定會受到相應的損失或懲罰。假如對方知道反抗的下場，並且感到害怕，他就會乖乖就範。

但是，我們往往不會遇到這種理想狀況。首先，發出威脅的行動本身就可能代價不菲。其次，一個大而不當的威脅即便當真實踐了，也可能產生相反的作用。因此可以說，發出有效的威脅必須具備非凡的智慧。我們來看一下女高音歌唱家瑪迪·梅普萊是如何威脅那些私闖園林的人們的。

瑪迪．梅普萊有一個很大的私人園林，總會有人到她的園林裡採花、撿蘑菇，甚至還有人在那裡露營野餐。雖然管理員多次在園林四周圍上籬笆，還豎起了「私人園林，禁止入內」的木牌，卻無濟於事。當迪梅普萊知道了這種情況後，就吩咐管理員製作了很多醒目的牌子，上面寫著「如果有人在園林中被毒蛇咬傷，最近的醫院在距此 15 公里處」的字樣，並把它們樹立在園林四周。從那以後，再也沒有人私闖她的園林了。

威脅的首要選擇是能奏效的最小而又最恰當的那種，不能使其過大而失去可信度。

其實，賽局論中的威脅策略也可應用到企業經營中。

在某個城市只有一家房地產開發商甲，在沒有競爭下的壟斷利潤是很高的。現在有另外一個企業乙，準備從事房地產開發。面對乙要進入其壟斷的行業，甲想：一旦乙進入，自己的利潤將受損很多，乙最好不要進入。所以甲向乙表示：你進入的話，我將阻撓你進入。

假定當乙進入時甲阻撓的話，甲的收益降低到 2，乙的收益是 -1。而如果甲不阻撓的話，甲的利潤是 4，乙的利潤也是 4。因此，甲的最好結局是乙不進入，而乙的最好結局是進入而甲不阻撓。但這兩個最好的結局不能構成均衡，那麼結果是什麼呢？甲向乙發出威脅：如果你進入，我將阻撓。而對乙來說，如果進入，甲真的阻撓的話，它將會得到 -1 的收益，當然此時甲也有損失。關鍵問題是：甲的威脅可信嗎？

乙透過分析得出：甲的威脅是不可信的。原因是當乙進入的時候，甲阻撓的收益是2，而不阻撓的收益是4，4＞2，理性人是不會選擇做非理性的事情的。也就是說，一旦乙進入，甲的最好策略是合作，而不是阻撓。因此，透過分析，乙選擇了進入，而甲選擇了合作。

因此，我們都應該從賽局論中認識到威脅的重要性，設法使自己的威脅具有可信度，並能以理性的視角判斷出他人威脅的可信性，從而使賽局的結果變得對自己更加有利。

「一毛不拔」的完美結局—柏拉圖效率

墨子的徒弟去見楊朱，說：「先生，如果你拔掉一根毛，天下因此能得利益，你拔不拔？」楊朱說：「不拔。」墨子的徒弟很不高興，出了楊朱的屋。墨子的徒弟遇到楊朱的徒弟，就跟他說：「你的老師一毛不拔。」楊朱的徒弟說：「你不懂我老師的真意啊，我解釋給你聽吧。」於是，兩人就展開了一段對話。

楊朱的徒弟：「給你錢財，揍你一頓，你幹不幹？」

墨子的徒弟：「我幹。」

楊朱的徒弟：「砍掉你一條腿，給你一個國家，你幹不幹？」

墨子的徒弟不說話了，他心知再說下去楊朱的徒弟肯定會問：「砍掉你的頭，給你天下，你幹不幹？」這還真不能隨便答應。

楊朱的徒弟於是繼續解釋說：「毛沒了，皮膚就沒了；皮膚沒了，肌肉就沒了；肌肉沒了，四肢就沒了；四肢沒了，身體就沒了；身體沒了，生命就沒了。不可小看個體，現在當權者要犧牲百姓去滿足自己的私心，將百姓的天下變成自己的天下，這怎麼行？如果每一個百姓都能盡自己的本分，該耕田的耕田，該紡織的紡織，一個個的小利益累積起來，就是天下的大利益了，即所謂『無為而無不為，無利而無不利』了。」

這就是「一毛不拔」的典故來源，其間蘊含著深刻的經濟學原理。但對楊朱的這種觀點，西方功利主義持不同觀點。

比如說，假設一個社會裡只有一個百萬富翁和一個快餓死的乞丐，如果這個百萬富翁拿出自己財富的萬分之一，就可以使後者免於死亡。但是因為這樣無償的財富轉移損害了富翁的利益（假設這個乞丐沒有什麼可以用於回報富翁的資源或服務），所以進行這種財富轉移並不是柏拉圖法則。而這個只有一個百萬富翁和一個快餓死的乞丐的社會可以被認為是柏拉圖最適的。

按功利主義的標準，理想的狀態是使人們的福利總和最大化的狀態。如果一個富翁損失很少的福利，卻能夠極大地增加乞丐的福利，使其免於死亡，那麼社會的福利總和就增加了，所以這樣的財富轉移是一種改善，而最初的極端不平等狀態則是不理想的，因為它的福利總和較低。所以西方經濟學中的功利主義認為，應當「拔一毛而利天下」，為了提高福利總和可以減少一些人的福利。但現代西方經濟學出現了一種最佳的方案 —— 柏拉圖法則，即在提高某些人福利的同時不減少其他任何一個人的福利。

柏拉圖法則是指資源分配的一種狀態，在不使任何人的境況變壞的情況下，不可能再使某些人的處境變好的狀態。柏拉圖法則只是各種理想態標準中的「最低標準」。也就是說，一種狀態如果尚未達到柏拉圖法則，那麼它一定不是最理想的，因為還存在改進的餘地，可以在不損害任何人的前提下使某一些人的福利得到提高。但是，一種達到了柏拉圖法則的狀態也並不一定真的很理想。

柏拉圖法則是賽局論中的重要概念，並且在經濟學、工程學和社會科學中有著廣泛的應用。如果一個經濟體不是柏拉圖法則，則存在一些人可以在不使其他人的境況變壞的情

況下使自己的境況變好的情形。而這樣低效的產出的情況是需要避免的，因此柏拉圖法則是評價一個經濟體和政治方針非常重要的標準。

柏拉圖改進是指一種變化，在沒有使任何人的境況變壞的情況下，使得至少一個人變得更好。一方面，柏拉圖法則是指沒有進行柏拉圖改進餘地的狀態；另一方面，柏拉圖改進是達到柏拉圖法則的路徑和方法。柏拉圖法則是公平與效率的「理想王國」。

女方為何索要聘金

現在有些地方仍保留著送聘金的習慣。男子娶親時，要給女方一定數額的錢，多則上萬，少則幾千，視男方的家庭經濟狀況而定。另外，還要準備一定數量的豬肉給女方，此肉稱為「禮肉」或「離娘肉」，這是數十種禮物中必不可少的一種。

但是這種風雅而有趣的聘金現在越來越少了。如今，有人結婚時的聘金都是直指金錢，讓那些窮困而盼媳婦的家庭不堪重負，甚至因此而鬧出打官司的事情來。

結婚儀式已舉行，但老岳父卻因女婿沒給五十萬元聘金而不准女兒去婆家，並讓女婿回家拿錢來才放人。男方買房、結婚已花光了積蓄，一時無法湊這麼多現金，老岳父就一直把女兒留在娘家。女婿一怒之下把老岳父告上法庭。

為什麼索要聘金的行為成風？

從經濟學的角度來看，婚姻是一樁交易，交易雙方為男方和女方，其中男方為需求方，女方為供應方。供與求，雙方必然涉及資訊的因素。城市中講求自由戀愛，男女雙方在交往過程中具備充分了解的機會，資訊較為對稱；而鄉下中大多數人還沿襲著古老的傳統 —— 經人介紹，然後步入婚姻殿堂。男女雙方幾乎沒有經歷過真正意義上的戀愛階段，存在著嚴重的資訊不對稱現象。

資訊不對稱，就會導致交易雙方對對方的情況出於某種原因而了解不充分，因此也會導致供求雙方在交易中不能真正體現自己的意圖。根據現實條件，弱勢族群透過自由戀愛、正常交往來了解男方的可能性不大。在由媒妁之言或娶外籍新娘促成的婚姻中，婚姻介紹所似乎成了資訊傳遞的唯一管道。但婚姻介紹所在促成一門親事後還大有利益可圖，因此女方透過婚姻介紹所來了解男方，也不能盡識「廬山真面目」。男女雙方的資訊不對稱現象就很難消除。

有這樣一家婚姻介紹所，他們在幫一位外籍單身女子介紹男朋友時，從中挑了一位男士的徵婚廣告，廣告說這位男士長得英俊瀟灑、儀表堂堂。單身女子可能不會相信有這麼好，這時婚介所的人就讓她看了一小段關於此男方的錄影。

如此一來，再加上婚介所小姐的一番誇讚和勸說，這位單身女子也極為動心，於是與婚介所達成這筆「交易」。

但過了一段時間，這位女子發覺上當了，這位男士的確是儀表堂堂，但他有嚴重的口吃症。但是婚介所絕不會因此負任何責任，因為他們當初提供的資訊的確是真實的，他的確長得帥。但婚介所提供的資訊是不完全的：他有口吃症。

婚後男性的生活能力以及精神上對女性的關懷程度都是女性在婚前必須要考慮到的，而這些來自媒婆和婚介所提供的資訊又都是不確定的。為了彌補這可能造成的損失，女性在婚前透過聘金預先得到補償，無疑是非常明智的。而且聘金本身作為資訊傳遞的工具，也促使了「交易」的達成，即婚姻關係的確立。

第四章

資訊篇 —— 公共資訊下的錦囊妙策

資訊的優劣和多寡決定勝算

資訊對於賽局的作用怎麼強調都不為過。

以前有個做古董生意的人，他發現一個人用珍貴的茶碟做貓食碗，於是假裝很喜愛這隻貓，要從主人手裡買下。古董商出了很大的價錢買了貓，之後，古董商裝作不在意地說：「這個碟子它已經用慣了，就一起送給我吧。」貓主人不幹了：「你知道用這個碟子，我已經賣出多少隻貓了？」

古董商萬萬沒想到，貓主人不但知道而且利用了他「認為對方不知道」的錯誤，大賺了一筆。由於資訊的寡劣所造成的劣勢，幾乎每個人都會遇到。誰都不是先知先覺，那麼怎麼辦？為了避免這樣的困境，我們應該在行動之前，盡可能掌握有關資訊。人類的知識、經驗等，都是我們將來用得著的資料庫。

華爾街早期歷史上最富有的女人之一 —— 海蒂．格林是一個典型的葛朗台式的守財奴。她曾為遺失了一張幾分錢的郵票而瘋狂地尋找數小時，而在這段時間裡，她的財富所產生的利息足夠同時代的一個美國中產階級家庭生活一年。為了財富，她會毫不猶豫犧牲掉所有的親情和友誼。無疑，在她身上有許多人性中醜陋的東西，但是這並不妨礙她成為資本市場中出色的投資者。她說過這樣一句話：「在決定任何投資前，我會努力去尋找有關這項投資的任何一點資訊。」

有了資訊，行動就不會盲目，這一點不僅在投資領域成立，在商業競爭、軍事戰爭、政治角逐中也一樣有效。

《孫子兵法》說：「知己知彼，百戰不殆。」這說明掌握足夠的資訊對戰鬥的好處是很大的。在生活的「遊戲」中，掌握更多的資訊一般是會有好處的。比如談戀愛，我們得明白他（她）有何喜好，然後才能對症下藥、投其所好，不至於吃閉門羹。猜拳行令（南方人喜歡在喝酒時猜拳助興），如果知道對方將出什麼，那我們絕對會贏。

資訊是否完全會給賽局帶來不同的結果。有一個劫機事件的例子可以說明。假定劫機者的目的是為了逃走，政府有兩種可能的類型：人道型和非人道型。人道政府出於對人道的考慮，為了解救人質，同意放走劫機者；非人道政府在任何時候總是選擇把飛機擊落。如果是完全資訊，非人道政府統治下將不會有劫機者。這一點與現實是相符的。在漢武帝時期，法令規定對劫人質者一律格殺勿論。有一次，一個劫匪綁架了小公主，漢武帝依然下令將劫匪射殺，公主也死於非命，但此後國內一直不再有劫人質者。相反，人道政府統治下將會有劫機者。但是，如果想劫機的人不知道政府的類型，那麼他仍然有可能劫機。所以，一個國家要防止犯罪的發生，僅有嚴厲的刑罰是不夠的，還要讓人民了解刑罰（進行普及法律教育）。因為他如果不知道會面臨刑罰，就不會用那些規則來約束他的行為。

從人類有史以來，人們從來沒有像現在這樣深刻地意識到資訊對於生活的重要影響。資訊實際上就是我們賽局的籌碼，我們並不一定知道未來將會面對什麼問題，但是掌握的資訊越多，正確決策的可能就越大。在人生賽局的平台上，掌握的資訊的優劣和多寡，決定了我們的勝算。

「井底之蛙」難逃被渴死的命運

有一隻青蛙生活在井裡，井裡有充足的水源。牠對自己的生活很滿意，每天都在歡快地歌唱。

有一天，一隻鳥兒飛到這裡，便停下來在井邊歇歇腳。

青蛙主動打招呼說：「喂，你好，你從哪裡來啊？」

鳥兒回答說：「我從很遠很遠的地方來，而且還要到很遠很遠的地方去，所以感覺很勞累。」

青蛙很吃驚地問：「天空不就是那麼點大嗎？你怎麼說是很遠很遠呢？」

鳥兒說：「你一生都在井裡，看到的只是井口大的一片天空，怎麼能夠知道外面的世界呢！」

聽完這番話後，青蛙很不以為然，牠想：「世界就是這麼大呀！」

後來，井水乾涸，青蛙渴死了。

這是一個人們早已熟悉的寓言故事。故事中的青蛙由於不了解外面的資訊，便以為世界只有井口那麼大，從而不願跳出井口，尋找另外的生活，最終落得個被渴死的下場。在現實生活中，為了逃脫「被渴死的命運」，我們必須努力地收集資訊。

不論是在商場還是在生活的其他領域，都有廣泛的資訊網路，及時收集到有用的資訊，是我們能夠獲取成功的關鍵。但是在收集資訊的過程中，我們一定要注意辨別資訊的真偽，以防被錯誤的資訊所矇蔽，作出錯誤的決策，重蹈龐涓的覆轍。

西元前341年，魏國和趙國聯合攻打韓國，韓國向齊國告急。齊王派田忌率領軍隊前去救援，徑自進軍大梁。魏將龐涓聽到這個消息，率師撤離韓國回魏，而齊軍已經越過邊界向西挺進了。當時齊國的軍師孫臏對田忌說：「那魏軍向來凶悍勇猛，看不起齊兵，齊兵被稱作膽小怯懦。善於指揮作戰的將領，就要順應著這樣的趨勢而加以引導。兵法上說：『用急行軍走百里和敵人爭利的，有可能折損上將軍；用急行軍走五十里和敵人爭利的，可能有一半士兵掉隊。』命令軍隊進入魏境先砌十萬人做飯的灶，第二天砌五萬人做飯的灶，第三天砌三萬人做飯的灶。」

龐涓行軍三日，看到齊國軍隊中的灶越來越少，就特別高興地說：「我本來就知道齊軍膽小怯懦，進入我國境才三天，開小差的就超過了半數啊！」於是他放棄了步兵，只和輕裝精銳的部隊日夜兼程地追擊齊軍。孫臏估計他當晚可以趕到馬陵。馬陵的道路狹窄，兩旁又多是峻隘險阻，適合埋伏軍隊，孫臏就叫人砍去樹皮，露出白木，寫上：「龐涓死於此樹之下。」然後又命令一萬名善於射箭的齊兵隱伏在馬陵道兩邊，約定晚上看見樹下火光亮起，就萬箭齊發。龐涓當晚果然趕到砍去樹皮的大樹下，看見白木上寫著字，就點火照樹幹上的字，上邊的字還沒讀完，齊軍伏兵就萬箭齊發。魏軍大亂，互不接應。龐涓自知無計可施，敗局已定，只能拔劍自刎。

在龐涓與孫臏的賽局中，龐涓最終落得個拔劍自刎的結局，就是因為他被孫臏製造的假資訊所迷惑。為了跳出「井口」，尋找更大的發展空間，我們必須努力收集資訊，同時甄別資訊；否則，結局可能會比不跳出去更悲慘。

資訊：成功的關鍵

生命的意義在於掌握主動，而掌握主動的途徑就是比別人更早、更快地獲取資訊。

羅斯柴爾德家族是控制世界黃金市場和歐洲經濟命脈二百年的大家族，他們極其重視資訊和情報。內森這位傳奇式人物的表現很讓人稱道，但最讓人稱奇的是，僅僅在幾小時之內，他就在股票交易中賺了幾百萬英鎊。

故事發生在1815年6月20日，倫敦證券交易所一早便充滿了緊張氣氛。由於內森在交易所裡是舉足輕重的人物，而交易時他又習慣地靠著廳裡的一根柱子，所以大家都把這根柱子叫做「羅斯柴爾德之柱」。現在，人們都在觀望著「羅斯柴爾德之柱」。

就在前一天，英國和法國之間進行了關聯兩國命運的滑鐵盧戰役。如果英國獲勝，毫無疑問，英國政府的公債將會暴漲；反之，如果拿破崙獲勝的話，公債必將一落千丈。

因此，交易所裡的每一位投資者都在焦急地等候著戰場的消息，只要能比別人早知道一步，哪怕半小時、十分鐘，也可趁機大撈一把。

戰事發生在比利時首都布魯塞爾南方，與倫敦相距非常遙遠。因為當時既沒有無線電，也沒有鐵路，除了某些地方使用蒸汽船外，主要靠快馬傳遞資訊。而在滑鐵盧戰役之前的幾場戰鬥中英國均吃了敗仗，所以大家對英國獲勝抱的希望不大。

這時，內森面無表情地靠在「羅斯柴爾德之柱」上開始賣出英國公債。「內森賣」的消息馬上傳遍了交易所。於是，所有的人都毫不猶豫地跟進。瞬間英國公債暴跌，內森繼續面無表情地拋出。

正當公債的價格跌得不能再跌時，內森卻突然開始大量買進。交易所裡的人給弄糊塗了，這是怎麼回事？內森玩的什麼花樣？追隨者們方寸大亂，紛紛交頭接耳。正在此時，官方宣布了英軍大勝的捷報。

交易所內又是一陣大亂，公債價格持續暴漲。而此時內森卻悠然自得地靠在柱子上欣賞這亂哄哄的一幕。無論內森此時是激動不已也好，或者是陶醉在贏得的勝利喜悅之中也好，總之他發了一筆大財。

表面上看，內森似乎在進行一場賭資巨大的賭博，如果英軍戰敗，他要損失一大筆錢。實際上這是一場精密設計好的賺錢遊戲。

滑鐵盧戰役的勝負決定英國公債的行情，這是每一個投機者都十分明白的，所以每一個人都渴望比別人先一步得到官方情報。唯獨內森例外，他根本沒想到依靠官方消息，他有自己的情報網，可以比英國政府更早知道實際情況。

羅斯柴爾德家族遍布西歐各國，他們視資訊和情報為家族繁榮的命脈，所以很早就建立了橫跨全歐洲的專用情報網，並不惜花大錢購置當時最快最新的設備，從有關商務資訊到社會熱鬧話題無一不互通有無，而且情報的準確性和傳遞速度都超過英國政府的驛站和情報網。正是因為有了這一高效率的情報通訊網，內森才能比英國政府搶先一步獲得滑鐵盧的戰況。

另外，內森的高明之處還在於他懂得欲擒故縱的戰術。要是換了別人，得到情報後便會迫不及待地買進，無疑也可賺一筆。而內森卻想到利用自己的影響先設一個陷阱，造成一種假象，引起公債暴跌，然後再以最低價購進，大發一筆橫財。這個搶先一步發大財的故事，足以說明提前掌握情報和資訊對於賽局的重要性。

賽局中，除去資訊的因素，大家贏的機會均等。此時，誰能搶占先機，誰就能獲得優勢。而搶占先機的最有效的途徑，就是提前抓住有利的資訊和情報。

利用資訊不對稱取得有利地位

在賽局中，往往會出現某一方所知道的資訊並不為對方所知曉的情況，這時候也就產生了資訊不對稱。資訊不對稱往往使我們在賽局中處於被動選擇的不利地位。但是在特定的情況下，我們也可以利用資訊的不對稱來作出正確的決策。

曹操與袁紹之間的官渡之戰就是一次資訊不對稱下的賽局。在這場戰爭中，曹操掌握了許攸所提供的資訊，曹與袁之間雖然實力懸殊，但曹操的資訊明顯多於袁紹，他們之間的資訊是不對稱的。在曹、袁之間的賽局中，曹操在資訊上顯然優於袁紹。我們看一下官渡之戰的場面：

建安四年，袁紹帶領十萬大軍，戰馬萬匹，進駐黎陽（今河南浚縣東北），企圖直搗許都，一舉消滅曹操。五年正月，曹操為了避免腹背受敵，率軍東進徐州，擊潰與袁紹聯合的劉備，逼降關羽，占據下邳（今江蘇邳縣南），接著進駐易守難攻的官渡，嚴陣以待。二月，袁紹派大將顏良南下，包圍了白馬（今河南滑縣東）。曹操只有兩萬兵馬，力量對比懸殊，於是採納了荀攸的建議，採取聲東擊西、分其兵力的作戰方針。四月，曹軍從官渡到延津（今河南延津北），作出要北渡黃河襲擊袁紹後方的姿態，袁紹急忙分兵西迎曹軍。曹軍乘勢進襲白馬，殺袁紹大將顏良。袁紹聞訊派兵追來，曹軍又斬袁紹大將文醜。曹軍士氣大振，然後還軍官渡，伺機破敵。七月，袁軍主力進至官渡北面的陽武（今河南原陽東南）。八月，袁軍接近官渡，軍營東西長達數十里。曹操在敵眾我寡的情況下，採取積極防禦的方針，雙方在官渡相持了數月。在這期間，曹操一度準備放棄官渡，退守許都。荀彧提出，撤退會造成全面被動，應該在堅持中尋找戰機，出奇制勝。曹操依其議。十月，袁紹派淳于瓊率兵一萬多押送大量糧食，囤積在袁軍大營以北約四十里的故市、烏巢（今河南延津東南）。沮授建議袁紹派兵駐紮糧倉側翼，以防曹軍偷襲，遭袁紹拒絕。謀士許攸也提出，趁曹軍主力屯駐官渡、後方空虛的機會，派輕兵襲許都，袁紹又不採納。

至此時，雙方還是袁紹占據優勢，但袁紹剛愎自用的性格使袁軍失去了好幾次攻破曹操的機會。袁紹的謀士給他提出的資訊和策略是真實可行的。在意見沒有被採納後，許攸一怒之下，投奔了曹操，並告知曹操袁軍的虛實，以及袁紹用酒徒淳于瓊守烏巢的資訊，而烏巢是袁紹的糧食基地。在這場賽局裡出現了嚴重的資訊不對稱，曹操此時掌握了袁紹最重要的資訊，而袁紹對曹操卻不甚知之，此時的曹操已經沒有糧餉，如果袁紹率軍出擊，恐怕歷史就要改寫。袁紹既不知道曹操虛實，也不知自己的重要軍事機密已經泄露。

而另一邊的曹操聽聞許攸的建議後果斷地決定留曹洪、荀攸固守官渡大營，親自率領步騎五千偷襲烏巢。是夜，曹軍乘袁軍毫無準備，圍攻放火，焚燒軍糧。袁紹誤認為官渡曹營一定空虛，派高覽、張郃率主力攻打，而只派少量軍隊援救烏巢。結果官渡曹營警備森嚴，防守堅固，未能攻下，同時，曹操卻猛攻烏巢，殺死守將淳于瓊，全殲袁軍，燒燬全部囤糧。消息傳來，袁軍十分恐慌，內部分裂，張郃、高覽率所屬軍隊投降曹操。曹操乘機出擊，大敗袁軍，殲敵七萬餘人。袁紹父子帶八百騎兵逃回河北。兩年後，袁紹鬱憤而死。此役為曹操統一北方奠定了基礎。

在這一次賽局中，曹操就是利用了資訊的不對稱而取得了勝利。在資訊不對稱的情況下，賽局的雙方更難以掌握賽局的結局，因為雙方不但不知道彼此的策略選擇，而且對有關賽局結局的公共知識的了解都是不對稱的，有的掌握得多些，有的掌握得少些，顯然掌握得多些的局中人更容易作出正確的策略選擇。

資訊不對稱下的逆向選擇

掌握資訊比較充分的人，往往處於比較有利的地位，而資訊貧乏的人，則處於比較不利的地位。依據該理論，在資訊不對稱的前提下，交易中的賣方往往故意隱瞞某種真實資訊，使得買方最後的選擇並非最有利於買方自己，這種選擇就叫做逆向選擇。

在諸葛亮與司馬懿西城大戰期間，兩人都成功地利用資訊不對稱，透過逆向選擇給對方製造了很大的麻煩。最後，司馬懿殺了孟達，諸葛亮嚇跑了司馬懿，兩人打了個平手。

諸葛亮和降魏原蜀將孟達商議好，孟達在新城舉事反魏，準備攻取洛陽，諸葛亮率蜀軍主力攻取長安。當諸葛亮聽說司馬懿官復原職，在宛、洛起兵，於是派人提醒孟達，一定要小心司馬懿，不能輕視。孟達覺得不必害怕司馬懿，宛城離洛陽大約八百里，到新城有一千二百里。司馬懿要是知道自己想反魏舉事，一定會向魏主稟報的。這樣一來，時間至少需要一個多月，那時，自己已把城牆加固好了，司馬懿就是來了也沒有什麼用了。「人言孔明心多，今觀此事可知矣」，諸葛亮真是多慮了。

司馬懿知道孟達準備反魏，便想到如果先上奏魏王，待魏王回覆來回要一個月，那時早已無濟於事了，於是他來了個逆向選擇，日夜兼程，不到十日便趕到新城擒獲了孟達。

在這個回合中，司馬懿勝就勝在利用資訊的不對稱而「出其不意，攻其不備」。司馬懿利用逆向選擇贏了孟達，諸葛亮「以彼之道，還施彼身」，在西城，空城計的成功同樣歸功於諸葛亮的逆向選擇。

耳熟能詳的空城計可謂是把資訊不對稱發揮到極致。在空城計這一回合中，司馬懿對諸葛亮的了解也就是孟達的程度。在他眼裡，諸葛亮是一個「不見兔子不撒鷹」的主。而這次諸葛亮偏不這樣，他來了個逆向選擇。只見西城四個城門大開，不見一兵一卒。諸葛亮披鶴氅，戴綸巾，在城樓上，憑欄而坐，焚香操琴。結果，司馬懿恐有詐，撤退了。

在真實的生活中，資訊相對不充分的一方也會作出有利於自己的選擇。比如說，經濟學大師阿克洛夫最早研究了二手車市場，他發現一輛即使是今天買了，明天就賣的車，價錢也會比原值低得多。買次品車的人對車的熟悉程度肯定不如車主，資訊是嚴重不對稱的。他們的理性選擇就是認定所有的舊車都是次品車，只願意出最低的價格。

資訊不對稱的雙方都出於自身利益的考慮，彼此作出了不利於對方的選擇，結果可能導致了雙敗的局面。經濟學的理論已經證明了合作是最優的，眾人拾柴火焰高，資訊的不完全使我們失去了很多本來屬於我們的東西。

沒有資訊時善於等待時機

雖然資訊對於賽局很重要，但沒有資訊的情況也是常有的。有時時機不成熟，我們必須像獵人一樣耐心地潛伏著，等待獵物出現。

正如股神巴菲特在波克夏．海瑟威公司 1998 年年會上所說：「我們已經有好幾個月沒找到值得一提的股票了。我們要等多久？我們要無限期地等。我們不會為了投資而投資。我們只有在發現了誘人的對象的時候才會投資……我們沒有時間框架。如果我們的錢堆成山了，那就讓它堆成山吧。一旦我們發現了某些有意義的東西，我們會非常快地採取非常大的行動。但我們不會理會任何不合格的東西。如果無事可做，那就什麼也不做。」

在很多情況下，實力和地位與發展並不是正比關係，這時就需要有效地把自己的實力和意圖隱蔽起來，靜觀其變，等待機會。

善於等待機會，有時也是為了麻痺對手，使他驕傲輕敵，以為我們軟弱無能，然後趁其不備而出擊；有時也是為轉移對手的注意力，聲東擊西。所以，為了有效地打擊對手，首先要有效地隱蔽自己、保護自己，也就是要作出假象來迷惑敵人，讓他朝著我們希望的方向去行動。我們不急於出擊，而以恭維的言辭和豐厚的禮品示弱，使其驕傲，待其暴露缺點，有機可乘時，我們再全力出擊。

過分善良的人往往不懂得這一點，以為天下人都與自己一樣，結果，以善良待人，反被邪惡傷害，成了邪惡的犧牲品。即使不以打擊對方為目的，為了不遭對方打擊，也不應天真地將自己的一切暴露無遺，使自己毫無還手餘地。

北宋丁謂任宰相時期，把持朝政，不許同僚在退朝後單獨留下來向皇上奏事。只有王曾非常乖順，從沒有違背他的意圖。

一天，王曾對丁謂說：「我沒有兒子，老來感覺孤苦，想要把親弟的一個兒子過繼來為我傳宗接代。我想當面乞求皇上的恩澤，又不敢在退朝後留下來向皇上啟奏。」

丁謂說：「就按照你說的那樣去辦吧。」

王曾趁機單獨拜見皇上，迅速提交了一卷文書，同時揭發了丁謂的行為。丁謂剛起身走開幾步就非常後悔，但是已經晚了。沒過幾天，宋仁宗上朝，將丁謂貶到崖州。

王曾能實現揭發丁謂的目的，不能不歸於其善於等待機會之功。善於等待機會是事業成功和克敵制勝的關鍵。一個不懂得等待的人，即使能力再強、智商再高，也難戰勝敵人。

一位公司總經理在說明自己成功的經驗時說：「五年打基礎，五年打天下，用它十年或二十年，終有一天，在哪裡累積就在哪裡成功。」這裡的累積，可以說就是一種等待機會的表現。

資訊的提取和甄別

資訊的提取和甄別，是賽局中一個關鍵的問題。在賽局過程中，不但要發出一些影響對方決策的資訊，還要盡量獲取對方的資訊，並對這些資訊進行篩選和甄別。

所羅門王曾斷過一個婦女爭孩子的案子。有兩個婦女都說孩子是自己的，當地官員無法判斷，只好將婦女帶到所羅門那裡。所羅門王稍想了一下，就對手下人說，既然無法判定誰是孩子的母親，那就用劍將孩子劈成兩半，兩人各得一半。

這時，其中的一個婦女大哭起來，向所羅門王請求，她不要孩子了，只求不要傷害孩子，另一個婦女卻無動於衷。所羅門王哈哈一笑，對那個官員說：「現在你該知道，誰是那個孩子真正的母親了吧。任何一個母親都不會讓別人傷害自己的孩子。」

在這個故事裡，所羅門王並沒有把這件事看做是一個直截了當的、非此即彼的選擇，而是深入地思考，透過恐嚇性的試探，提取到了情感和心理深處的資訊。

所羅門王透過挖掘深層資訊對事件有了更全面的把握，而有的資訊不需挖掘，事件本身就一直向人們傳達著資訊。但這樣的資訊往往真假難辨，需要對其進行甄別。當然憑常識判斷，有的可以一下看出資訊的真假。比如市場上許多商品的商譽都是花了不小的代價建立的，有的甚至經過幾十年才累積了一個品牌，而消費者對它們也特別信賴。相反，如果建立商譽的成本很小，那麼大家都會建立商譽，結果等於誰也沒建立商譽，消費者也不領情。在大街上，我們看慣了「跳樓價」、「自殺價」、「清倉還債，價格特優」等招牌，這也是商譽，但誰相信它是真的呢？而有的資訊是以假亂真的，這種情況就需要仔細甄別以選出真正的有利資訊，像所羅門王那樣挖掘深層次的資訊以用於事件的判斷。

公共資訊下的錦囊妙策

在資訊共有的情況下，彼此都知道對方的情況和虛實，就需要一些設局之策來達到賽局勝利的目的。所謂兵不厭詐，雙方在知己知彼的情況下，就需要利用一些計謀來取得勝利。

利用公共資訊環境，施展詭計取勝，在三國時期經常上演。赤壁之戰中，周瑜施計騙蔣幹，就達到了這樣的功效。

當時，曹操率領八十三萬大軍，準備渡過長江，占據南方。與此同時，孫劉聯合抗曹，但兵力比曹軍要少得多。曹操的隊伍都由北方騎兵組成，善於馬戰，但不善於水戰。正好有兩個精通水戰的降將蔡瑁、張允可以為曹操訓練水軍。曹操把這兩個人當做寶貝，優待有加。

一次，東吳主帥周瑜見對岸曹軍在水中排陣，井井有序，十分在行，心中大驚。他想一定要除掉這兩個心腹大患。

曹操一貫愛才，他知道周瑜是個軍事奇才，很想拉攏他。曹營謀士蔣幹自稱與周瑜曾是同窗好友，願意過江勸降。曹操當即讓蔣幹過江說服周瑜。

周瑜見蔣幹過江，一個反間計就已經醞釀成熟了。他熱情款待蔣幹，酒席上，只敘友情，不談軍事，堵住了蔣幹的嘴巴。

周瑜佯裝大醉，約蔣幹同床共眠，並且故意在桌上留了一封信。蔣幹偷看了信，原來是蔡瑁、張允寫來，約定與周瑜裡應外合，擊敗曹操。這時，周瑜說著夢話，翻了翻身子，嚇得蔣幹連忙上床。過了一會兒，忽然有人要見周瑜，周瑜起身和來人談話，還裝作故意看看蔣幹是否睡熟。蔣幹裝作沉睡的樣子，只聽周瑜他們小聲談話，雖聽不清楚，但聽見提到蔡、張兩人。於是蔣幹對蔡、張兩人和周瑜裡應外合的計劃確認無疑。他連夜趕回曹營，讓曹操看了周瑜偽造的信件，曹操頓時火起，殺了蔡瑁、張允。等曹操冷靜下來的時候，就知道中了周瑜的計。表面上曹操掌握了對方的資訊，而實質上周瑜採用的反間計，不僅沒有給蔣幹做說客的機會，而且還除掉了蔡瑁、張允兩個心腹大患，可謂是一舉兩得。

第五章

生活篇 —— 現實生活中的賽局策略

賽局無處不在—發現生活中的賽局現象

賽局與生活關係密切，它可以解釋我們生活的方方面面，如朋友、婚姻、工作等，即使是身邊的瑣事都是賽局論的應用。

賽局者的身邊充斥著具有主觀能動性的決策者，他們的選擇與其他賽局者的選擇相互作用、相互影響。這種互動關係自然會對賽局各方的思維和行動產生重要的影響，有時甚至直接影響其他參與者的決策結果。

比如，有七個人組成一個小團體共同生活，他們想用非暴力的方式解決吃飯問題 —— 分食一鍋粥，但是沒有任何容器稱量。怎麼辦呢？

大家試驗了這樣一些方法：

- 方法一：擬定一人負責分粥事宜。很快大家就發現這個人為自己分的粥最多，於是換了人，結果總是主持分粥的人碗裡的粥最多最好。結論：權力導致腐敗，絕對的權力絕對腐敗。
- 方法二：大家輪流主持分粥，每人一天。雖然看起來平等了，但是每個人在一週中只有一天吃得飽且有剩餘，其餘六天都飢餓難耐。結論：資源浪費。
- 方法三：選舉一位品德尚屬上乘的人。開始還能維持基本公平，但不久他就開始為自己和拍馬屁的人多分。結論：畢竟是人不是神。

- 方法四：選舉一個分粥委員會和一個監督委員會，形成監督和制約。公平基本做到了，可是由於監督委員會經常提出多種議案，分粥委員會又據理力爭，等粥分完，早就涼了。結論：類似的情況政府機構比比皆是。
- 方法五：每人輪流值日分粥，但是分粥的人最後一個領粥。結果呢？每次7個碗裡的粥都是一樣多，就像科學儀器量過的一樣。

怎麼樣？用賽局論解決喝粥問題，最後大家都會高高興興地喝粥。這就是賽局論在生活中的妙用，生活中的許多問題只要我們正確運用賽局的思維方法，就能輕而易舉地得到解決。

理性與非理性的較量

賽局是經濟學概念，而經濟學的建立是以理性經濟人假設為基礎的。假如說每個人都是理性的，那麼，當兩人發生利益衝突時，是理性，還是非理性，就要看雙方在賽局的時候，理性所發揮的作用有多大。因為作為個體的人都是感性的，但分析事物時又都是理性的，而當我們按理性思維去操作時，又難免流於感性，感性和理性往往同在。所以，在賽局過程中，我們要根據理性和感性誰起的作用更大，來選擇自己用什麼策略。

三國時期，曹操輕鬆地得到了劉表的荊州之後，卻遭遇了赤壁的慘敗，從此形成三分天下之勢，曹操一統天下的策略功虧一簣。有人說，曹操的這次失敗，是偶然的，只是方針的制定上不夠周全。

其實，對於曹操的這個策略，運用賽局論來解釋，他的失敗是必然，並不是偶然，是無法避免的。這次失敗不是策略的失敗，也不是實力的失敗，而是曹操在為人處世上的失敗，即敗在缺乏應有的理性上。

當然，在一定條件下，尤其是策略的選擇，有時根據需要，非理性的選擇也是賽局論中經常運用的重要抉擇。

比如，很久以前，在北美地區活躍著幾支以狩獵為生的印第安人部落。令人匪夷所思的是：在狩獵之前，請巫師作法，在儀式上焚燒鹿骨，然後根據鹿骨上的紋路確定出擊方向的印第安人部落，成為唯一的倖存者；而事先根據過去成功經驗，選擇最可能獲取獵物方向出擊的其他部落，卻最終都銷聲匿跡了。

也許有人會感到不可思議，「科學預測」怎麼能敗給「巫師作法」呢？其實不然，仔細品味故事的來龍去脈，我們就會發現，問題的關鍵並不在於科學與迷信之間，根本原因就在於幾個部落的競爭策略有所不同。

依據經驗進行預測並確定前進方向的部落，或許暫時能夠獲得足夠的食物，但是不久的將來，他們的路就會越走越窄。可以想像，隨著時間的推移，那些「理性」的部落之間，勢必產生相同的推測與判斷，瞄準同一目標的部落越來越多，他們之間的競爭不斷加劇，他們每天的狩獵方向經過「科學分析」之後，也變得日趨一致。而在原始的狀態下，獵物不會迅速增多，最後，這些部落只好在同樣的狩獵區域，你爭我奪、你攔我搶，拚個魚死網破，同「輸」而歸。顯然在這場理性與非理性的較量中，非理性成了最後的勝者。

其實，現實生活中的企業界又何嘗不是如此。某個領域的市場需求增大，十個、數十個甚至上百個企業因為對目標市場的共同期盼，紛紛殺將而來，結果呢？市場有效需求並沒有因為他們的頻頻光顧而迅速增大，僧多粥少，就會有人「挨餓」，直至撤退和消亡。這樣的例子不勝枚舉，唱片業者、影視業界、手機業界、PC 業界……

而按照巫師作法、焚燒鹿骨的那個印第安人部落，雖然在策略上出現了很明顯的錯誤，盲從和隨意，但是基於其當時的條件，從更宏觀的角度來判斷，我們不難發現，其核心因素 —— 競爭策略，卻要優於競爭對手。可以說其在發現

新市場或者創造新需求，這樣一來，無形之中，其就避開了與其他部落之間在策略層面的相互廝殺，從而贏得了生存空間。

不可迴避的是，隨著時間的推移，在競爭將變得異常激烈之時，世界各國企業之間相互模仿的速度就會驟然加快，這必將導致一場印第安人部落生存式的「狩獵遊戲」。

用賽局，學做人

人生無處不賽局，賽局論也可以應用於我們的為人之道，比如誠信問題。賽局論告訴我們，與人交往最重要的是要獲得最大利益。如果是一次賽局，我們以後與賽局的另一方再也沒有見面的機會了，那麼我們可能會騙對方，因為欺騙他，對我們來說才是最大的利益；如果我們和一個人會不斷有合作機會，那麼我們肯定不會騙對方，這是一個常識。

「誠信」可能是時下華人最稀缺的一種道德資源了，有人還曾斷言：當代華人圈最大的危機是信用危機。這話並非危言聳聽，看看社會上花樣翻新的詐騙手段，鋪天蓋地的假冒偽劣產品，誠信問題確實亟待解決。

現在我們看到社會上有些人弄虛作假、坑蒙拐騙後，人生還好似一帆風順。其實，這些都是表面的和暫時的。誰愚弄了誠信，誠信也將最終愚弄誰。即使他們當中極少數的人能逃脫被誠信懲罰的命運，他們的餘生也必定將會暗暗地受到良心的譴責。而對於真正言必信、行必果，誠實守信的人，他們的人生也許會遭受一時的挫折，但時間永遠是公平的智者，最終將會對他們的言行作出最公允的評判。只有講誠信的人才會走上人生的坦途。

有這麼一個反面的故事：

「年輕人，如果你想在這裡工作，」老闆說，「有一件事你必須學會。那就是，我們這個公司要求非常乾淨。你進來時在腳踏墊上擦鞋了嗎？」

「哦，我擦了，先生。」

「另一件事是我們要求非常誠實，我們門口沒有腳踏墊。」

結果，毫無疑問，這個年輕人失去了這一次工作機會。其實我們不難發現，如今企業在用人時越來越看重應徵者的人品。在智商相差不大的情況下，考慮應徵者的價值觀是否和企業的理念相符，越來越成為企業應徵的一種趨勢。如果一個人沒有了誠信，那就等於失去了和大家真誠交往、和社會信用接觸的機會。企業怎還敢輕易錄用這樣的人？

在這個競爭激烈的社會，誠信也成為每個人立足社會不可或缺的無形資本。恪守誠信是每個人應當有的生存和發展理念之一。誠信的人必將受到人們的信賴和尊重，從而享有做人的尊嚴和發展事業、服務社會的機遇。每一個人在步入社會之前，都應該認真地分析評價一下自己的價值觀和人生理念，樹立包括誠信在內的健康的價值觀，把「誠信」這兩個字刻進我們心靈的深處，用一生的言行去踐行它。只有當我們對於誠信的修養提高了，我們的人生才有可能走上一條「可持續發展的道路」，才能更好地抓住寶貴的人生際遇，讓自己真正成為社會的棟樑之材。

樹立誠信的品格，講究道德的修養不是我們的主觀要求，而是每個人利益最大化的要求，這是符合賽局論的。由於缺乏誠信，導致大量交易成本的浪費。有的人有專案，因為誠信的缺失而無人投資；有的人有才華，也是由於誠信的缺失而無用武之地。只要每個人都懂得用賽局、學做人，做人以誠，做事以精，這樣我們的社會環境就會得到淨化，我們也不用擔心遇到騙子，也不用在防騙上浪費那麼多的心思和精力了。

用賽局解決生活的難題

賽局策略的成功運用需依賴一定的環境、條件，在一定的賽局框架中進行。許多成語及典故，都是對賽局策略的令人叫絕的運用和歸納。

成語故事「黔驢技窮」實際上就包含了一個不完全資訊

動態賽局。毛驢剛到貴州時，老虎摸不清這個大動物究竟有多大本領，因而躲在樹林裡偷偷觀察，這在老虎當時擁有的資訊條件下是一種最優策略選擇。過了一段時間，老虎走出樹林，逐漸接近毛驢，就是想獲得有關毛驢的進一步資訊。一天，毛驢大叫一聲，老虎嚇了一跳，急忙逃走，這也是最優策略選擇。又過了一些天，老虎又來觀察，並與毛驢貼得很近，往毛驢身上擠碰，故意挑釁它。毛驢在忍無可忍的情況下，就用蹄子踢老虎，除此之外，別無他法。老虎在了解到毛驢的真實本領後，就撲過去將它吃了。在這個故事裡，老虎透過觀察毛驢的行為逐漸修正對毛驢的看法，直到看清它的真面目。事實上，毛驢的策略也是正確的，它知道自己的技能有限，總想掩藏自己的真實技能。

賽局論在古代已經得到了廣泛的應用，而現在的賽局論思維更是應用到了生活的方方面面，比如下面這個用賽局論解決生活難題的例子——怎樣與朋友分攤房租問題。

有個人用賽局論想了一個合理的分攤房租的模型。按這一模型分租，每個人都覺著自己占了便宜，而且雙方占了同樣大小的便宜。最壞的情形也是「公平合理」。如果有誰吃虧了，那一定是他想占便宜沒占到，因此他吃虧也是說不出口的。模型如下：

A 和 B 兩人決定合租一間兩房一廳的公寓，房租費為每月 5500 元。1 號房間是主臥室，寬敞明亮，屋內有一單獨洗手間。2 號房間相對小一些，用外面的洗手間，如果有客人來當然也得用這個。A 的經濟條件稍好，B 則窮困一些。現在怎麼分攤這 5500 元的房租呢？按照模型的第一步，A、B 兩人各自把自己認為合適的方案寫在紙上。A1，A2，B1，B2 分別表示兩人認為各房間合適的房租。顯然，A1 ＋ A2 ＝ B1 ＋ B2 ＝ 5500。

第二步，決定誰住哪個房間。如果 A1 ＞ B1（必然 B2 ＞ A2），則 A 住 1 號 B 住 2 號；反之，則 A 住 2 號 B 住 1 號。比如說，A1 ＝ 3100，A2 ＝ 2400；B1 ＝ 2900，B2 ＝ 2600（可以看出，A 寧願多出一點兒住好點兒的房間，而 B 則相反），所以 A 住 1 號，B 住 2 號。

第三步，定租。每間房間的租金等於兩人所提數字的平均數。A 的房租 ＝（3100 ＋ 2900）/2 ＝ 3000，B 的房租 ＝ 5500 － 3000 ＝（2400 ＋ 2600）/2 ＝ 2500。結果：A 的房租比自己提的數目少 100，B 的房租也比自己願出的多了 100，都覺得自己占了便宜。

分析如下：

- 由於個人經濟條件和喜好不同，兩人的分租方案就會產生差別，按照普通的辦法就不好達成一致意見。在模型中，這一差別是「剩餘價值」，被兩人「分紅」了，意見分歧越大，「分紅」越多，兩人就越滿意。最差的情形是兩人意見完全一致，誰也沒占便宜沒吃虧。

- 說實話絕不會吃虧，吃虧的唯一原因是撒謊了。假定 A 的方案是他真心認為合理的，那麼不論 B 的方案如何，A 的房租一定會比自己的方案低。對 B 也是一樣。
  什麼樣的情形 A 才會吃虧呢？也就是分的房租比自己願出的高呢？舉一例：A 猜想 B1 不會大於 2800，所以為了分更多的剩餘價值，他寫了 A1 ＝ 2850，A2 ＝ 2650，那他只能住 2 號房間，房租是 2625 元，比他真實想出的房租多了 225 元。可他是因為想占便宜沒說實話才吃了啞巴虧的。
- 從賽局論上分析這一模型不一定是最佳對策，特別是在對對方的偏好有所了解的情況下，但是說實話絕不會吃虧。
- 三人以上分房也可用此模型，每個房間由出最高房租者居住，房租取平均值。

在這個模型中，經過賽局策略的選擇，達到了使各方均衡的多贏局面。可見，掌握一些賽局的思維對我們的生活是有很大幫助的。

與自身貪婪的賽局

我們經常說：「欲望是無底深淵。」是的，一生我們都在和自己的欲望進行賽局。權錢交易的根源也是人類自身的貪婪，正是因為貪婪，很多本應有大好前途的人，結果毀了自己的一生。我們要和自己的貪婪作鬥爭，因為戰勝了自己，也就戰勝了一切。人類最大的敵人就是自己的貪婪，不管是做生意還是做官，人們總是得隴望蜀，得到的東西總是不珍惜，而得不到的卻總是念念不忘。

一個乞丐在大街上垂頭喪氣地往前走著。他衣衫襤褸、面黃肌瘦，看起來很久沒有吃過一頓飽飯了。他不停地抱怨：「為什麼上帝就不照顧我呢？為什麼唯獨我這麼窮呢？」

上帝聽到了他的抱怨，出現在他面前，憐惜地問乞丐：「那你告訴我吧，你最想得到什麼？」乞丐看到上帝真的現身了，喜出望外，張口就說：「我要金子！」上帝說：「好吧，脫下你的衣服來接吧。不過要注意，只有被衣服包住的才是金子，如果掉在地上，就會變為垃圾，所以不能裝得太多。」乞丐聽後連連點頭，迫不及待地脫下了衣服。

不一會兒，金子從天而降。乞丐忙不迭地用他的破衣服去接金子。上帝告誡乞丐：「金子太多會撐破你的衣服。」乞丐不聽勸告，仍興奮地大喊：「沒關係，再來點，再來點。」正喊著，只聽「嘩啦」一聲，他那破舊的衣服裂開了一條大口子，所有的金子在落地的那一瞬間全變成了破磚頭、碎瓦片和小石塊。

上帝嘆了口氣消失了。乞丐又變得一無所有，只好披上那件比先前更破、更爛的衣服，繼續著他的乞討生涯。

在生活中，有些人就像那個貪婪的乞丐，抵不住「貪」字的誘惑，靈智為之矇蔽。

在商品社會，許多人經不住貪私之誘，以身試法，大半生清白可鑒，卻晚節不保，而貪得無厭的結果是一無所有。貪慾遲早會把人帶入「賠了夫人又折兵」的境地。

可是要避免貪婪是非常困難的，因為人畢竟是有私心的動物，而且會有許多假象迷惑我們。

一股細細的山泉，沿著窄窄的石縫，叮咚叮咚地往下流淌，多年後，在岩石上沖出了 3 個小坑，而且還被泉水帶來的金砂填滿了。

有一天，一位砍柴的老漢來喝山泉水，偶然發現了清冽泉水中閃閃的金砂。驚喜之下，他小心翼翼地捧走了金砂。

從此，老漢不再受苦受窮，不再翻山越嶺砍柴。過個十天半月的，他就來取一次砂，不用多久，日子就富裕起來。

人們很奇怪，不知老漢從哪裡發了財。

老漢的兒子跟蹤窺視，發現了父親的祕密。他埋怨父親不該將這事瞞著，不然早發大財了。兒子向父親建議：拓寬石縫，擴大山泉，不是能有更多的金砂嗎？

父親想了想：自己真是聰明一世，糊塗一時，怎麼就沒有想到這一點？

說幹就幹，父子倆便把窄窄的石縫拓寬了，山泉比原來大了好幾倍，又鑿了深石坑。

父子倆累得半死，卻異常高興。

父子倆天天跑來看，卻天天失望而歸，金砂不但沒有增多，反而從此消失得無影無蹤，父子倆百思不得其解。

因為自己的貪婪，父子倆連最基本的小金坑都沒有了。原因是水流大了，金砂就一定不會沉下來了。在生活中，我們要處處克制自己的貪婪。在與貪婪進行賽局的時候，選擇無欲則剛的策略。不管外在的誘惑有多麼大，仍巋然不動，即使錯過時機也不後悔，因為我們對事物的資訊掌握得很少。在不了解資訊的情況下，我們盡量不要想獲得，就像金砂一樣，雖然表面看來是因為水流沖下來的，但這是一條假資訊，迷惑了這對父子。在不確定一個事物的情況下，只靠想當然和表面現象是不行的。世間的資訊瞬息萬變，我們又該怎麼辦呢？我們只能防止自己的貪慾，不妄求，不妄取。

隨機應變讓複雜問題簡單化

某個村莊只有一名警察，他要負責整個村的治安。小村的兩頭住著全村最富有的村民 A 和 B，A 和 B 需要保護的財產分別為 2 萬元、1 萬元。某一天，小村來了個小偷，要在村中偷盜 A 或 B 的財產，這個消息被警察得知。

因為分身乏術，警察一次只能在一個地方巡邏；而小偷也只能偷盜其中一家。若警察在 A 家看守財產，而小偷也選擇了去 A 家，小偷就會被警察抓住；若小偷去了警察沒有看守財產的 B 家，則小偷偷盜成功。

一種最容易被警察採用而且也更為常見的做法是，警察選擇看守富戶 A 家財產，因為 A 有 2 萬元的財產，而 B 只有 1 萬元的財產。

這種做法是警察的最好策略嗎？答案是否定的。因為我們完全可以透過賽局論的知識，對這種策略加以改進。

實際上，警察的一個最好的策略是抽籤決定去 A 家還是 B 家。因為 A 家的財產是 B 家的 2 倍，小偷光顧 A 家的機率自然要高於 B 家，不妨用兩個籤代表 A 家，抽到 1 號籤或 2 號籤去 A 家，抽到 3 號籤去 B 家。這樣警察有 2/3 的機會去 A 家做看守，1/3 的機會去 B 家做看守。

而小偷的最優選擇是以同樣抽籤的辦法決定去 A 家還是去 B 家實施偷盜，即抽到 1 號簽或 2 號籤去 A 家，抽到 3 號籤去 B 家。那麼，小偷有 2/3 的機會去 A 家，1/3 的機會去 B 家。這些數值可以透過聯立方程準確計算出。

此時警察和小偷所採取的便是混合策略。所謂混合策略，是指參與者採取的不是唯一的策略，而是其策略空間上的機率分布。在通常情況下，遭遇「警察與小偷」賽局時，雙方採取混合策略的目的是為了戰勝對方，是一種對立者之間的鬥智鬥勇。但實際上，當我們與別人合作的時候，也會發生混合性策略賽局。

如果甲正在和乙通話，電話斷了，而話還沒說完，這時每個人都有兩個選擇，馬上打給對方，或等待對方打來。

注意：一方面，如果甲打過去，乙就應該等電話，好把電話的線路空出來，如果乙也在打給甲，雙方只能聽到對方忙電話忙碌中；另一方面，假如甲等待對方打電話，而乙也在等待，他們的聊天就沒有機會繼續下去了。

一方的最佳策略取決於另一方會採取什麼行動。

這裡又有兩個均衡：一個是甲打電話而乙等在一邊，另一個則是乙打電話而甲等在一邊。

賽局論中有一個結論：納許均衡點如果有兩個或兩個以上，則結果難以預料。對於這個出現了兩個納許均衡點的打電話賽局，我們該如何從賽局論中求解呢？

我們可以把所謂「納許均衡點如果有兩個或兩個以上，結果就難以預料」，理解為「沒有正確（或者固定）答案」。也就是說，我們無法從賽局論中得知到底該怎麼做。

明顯可以看出，這類賽局與我們之前談到的囚徒困境賽局有一個很大的差別，就是沒有純策略均衡，而只有混合策略均衡。所謂純策略，是參與者一次性選取的，並且堅持他選取的策略。而混合策略是參與者在各種備選策略中採取隨機方式選取的。

在生活中遇到這類問題時，我們只能按照慣例或者隨機應變。一種解決方案是，原來打電話的一方再次負責打電話，而原來接電話的一方則繼續等待電話鈴響。這麼做有個顯而易見的理由：原來打電話的一方知道另一方的電話號碼，反過來卻未必是這樣。另一種可能性是，一方可以免費打電話，而另一方不可以（比如他是在辦公室而她用的是手機）。在通常情況下，還有另一種解決方案，即由較熱切的一方主動再打電話，如一個「煲電話粥」成癮的家庭主婦對談話的熱情很高，而她的同伴就未必這樣，在這種情況下通常是她再打過去。若戀愛中的男女遇到這種情況，通常也是由主動追求者再打電話。

生活中的許多事情複雜而多變，有時我們冥思苦想也無法找到滿意的答案，這時不妨玩一下「剪刀、石頭、布」的遊戲，來一個隨機的選擇，隨機應變地把複雜的問題簡單化，輕輕鬆鬆地將問題解決。

應試教育與全人教育的無奈抉擇

對於應試教育帶來的種種弊端，人們開始痛斥這種戴著鐐銬的教育方式。於是在教育專家的指點下，又打出了全人教育的旗號。這種教育方式提出了很多年，但結果如何呢？全人教育喊得震天動地，應試教育搞得扎扎實實，或者打著全人教育的幌子，肆無忌憚地搞應試教育，甚至還出現了這樣的怪現象：有的教師因倡導全人教育而未出好成績，哭著向學生家長檢討，「再也不弄全人教育了」，想想真是揪心。

現在我們的教育到底是應試教育，還是全人教育？什麼是真正的全人教育？是不是要把應試教育徹底打倒？應試教育和全人教育真的是一對水火不相容的賽局嗎？在這種賽局中，到底誰能夠占據上風呢？兩者能夠發展成為合作性賽局嗎？

在現實中，一方面，孩子們仍然在為分數而奮鬥。因為分數是好好讀書的唯一體現，意味著上好大學，暗示著好的將來，這種觀念仍然在普通家庭中根深蒂固。另一方面，對於所謂的全人教育，很多家長存在曲解，認為全人教育就是音樂、美術、書法等。於是家長就分數教育和「全人教育」一起抓，不僅「兩手抓」，而且「兩手都要強」，完全不考慮孩子的天賦，不顧及孩子的承受能力，不徵求孩子的意見，強令孩子學習所謂的特長，結果又把全人教育演變成一種更苦的應試教育。

由此可見，在我們的現實教育中，不管是家庭教育還是學校教育，應試教育大有市場，全人教育卻被人曲解。在應試教育與全人教育的賽局中，應試教育占據了明顯的上風。

我們所要提倡的真正的全人教育，並不是簡單地設立幾個琴棋書畫補習班，不是單純去鄉村體驗生活，更不是機械理解下的不考試、不留作業。其真正的內涵，乃是培養孩子的健全人格，促進孩子的全面發展。

從教育本身來看，全人教育更加符合社會的需要，符合人的成長的需要。但是，全人教育在賽局中輸給了應試教育，根源何在？

全人教育無法與應試教育相抗衡，無法形成合作性賽局的根本原因還是人們的內心深處對「人才」的錯誤認知。家長希望孩子讀大學，學校升學率是他們擇校首先考慮的因素，而學校是否能實行全人教育居於次要位置。在這種大眾壓力的驅使下，學校也就陷入了全人教育與應試教育的賽局中：一方面希望自己能成為推行全人教育的好榜樣，另一方面也不得不考慮本校升學率。於是可以看到一種連鎖反應：好學校生源越來越多，學校收取的擇校收入也越來越多，教學條件因而得以改善，師資配備也逐漸增強，好學校越來越好，形成良性循環，而所謂的弱學校則會陷入惡性循環。

民族的生存與發展寄託於人才，一個沒有人才的民族是沒有希望的民族，一個人才觀錯誤的民族同樣是一個沒有希

望的民族。也許，我們所有的人都需要認真考慮什麼是人才，什麼是教育，國家到底需要什麼樣的人才，我們必須實施怎樣的教育。只有把這些問題都真正弄清楚了，應試教育與全人教育的對抗性賽局才會真正消融。

女博士為何會成為「第三種人」

現在社會上流傳著「男人、女人、（未婚）女博士」三種性別的調侃。在很多人眼中，女博士是人，但不是男人，也不是女人，而是第三種人。

博士本來就很少了，女博士更是鳳毛麟角。按照「物以稀為貴」的道理，她們應該是社會　的佼佼者，是各個領域的「搶手貨」，是時代的驕子，是上帝的寵兒，但現實中，她們卻連女人也不算。難道女博士的生活會有什麼特別嗎？難道是女博士已經失去了自己的性別特徵和女人優勢？不管怎麼說，當前我們的現實生活中，女博士這個群體的確遭到一些難以言明的奇怪禮遇。讓我們來看看這個事例：

一位畢業於某醫學大學的女博士，畢業後被高薪聘任為主治醫生，接近而立之年卻沒有找到自己的另一半。這位女博士在好友的鼓勵下，在網路上登了徵婚啟事，最初實話實說，刊載：某女，28 歲，醫學大學博士畢業，現在某醫院任主治醫生，月薪數十元，希望與……徵婚啟事刊載三個月，居然沒有一封鴻雁傳書。無奈之際，在某高人指點下，重新設置條件：某女，28 歲，醫學大學碩士畢業，現在某醫院任職，月薪十餘萬元，希冀與……刊載月餘，仍然應者寥寥，無法從中找到理想伴侶；最後該女博士再次刊載：某女，28 歲，醫學大學畢業，現在某醫院任職，皮膚白皙，容貌嬌豔，月薪數萬元，希冀與……刊載半月，求婚信有如雪片般飛來，其中不乏男碩士，居然還有三位海外留學歸來的博士。

究竟是什麼原因導致了女博士遭受如此境遇？作為博士，這本身就是不小的成就。但在上面的事例中，明明是醫學博士，主治醫生，擁有令人羨慕的薪水，卻只能把自己說成是大學畢業，才能得到尋找配偶的機會。女博士真的是區別於我們的「第三種人」？這關鍵就在於傳統文化。男人的自私心理，沒有給女博士一個良性發展、正常交流和表現自己的機會。

在男性與女性的賽局中，男性總是成為規則的制定者和執行者，而女性只能被動接受。在古代，自從男人掌握政治、社會、文化權力之後，就使「夫為妻綱」，要求女子「在家從父，出嫁從夫，夫死從子」，剝奪了女人應有的各種權利，讓女人絕對服從男人，成為他們的附庸。這樣就形成了一種權利的單向性，女人總是被牢牢地掌握在男人的手掌心。

進入現代，女子開始獲得解放，走入學校，獲得了接受教育的機會，男人開始恐懼了；到當代，女人獨立自主的意識越來越高漲，女博士不斷湧現，活躍在社會的各個舞臺，長期以自我為中心的男人受不了。於是女博士是第三性的說法就不脛而走，許多言論都對她們持不太肯定甚至是否定的態度，使她們的平等權利遭到剝奪，這其實也就是古代被男人們所推崇的「女子無才便是德」的翻版。唯有如此，男人才能滿足幾千年積澱的大男子主義。所以，女博士是第三性的說法，恰恰說明現代男人思想的匱乏，說明現代男人的恐懼，說明他們怕失去男女賽局中的主導權。

距離知識最近的女博士卻距離愛情最遠，讓人心酸；花費巨大代價跨入了博士門檻，卻成為社會花邊新聞的主角。一個女博士難嫁的社會，折射出的是男性群體的不自信，折射出這個社會離男女真正平等還有很長的距離。畢竟，在男女平等的賽局中，男子始終占據上風。所以，當女博士成為一個群體的時候，她們就站在了男女平等賽局的最前沿，遭受種種攻擊和非議，被迫接受種種不公平，甚至是奇怪的待遇，就不足為奇了。

孩子，捧在掌心上的「小皇帝」

一位母親為她的孩子傷透了心，以致不得不去找心理問題專家。

專家問：「孩子第一次綁鞋帶的時候，打了個死結，從此以後，你是不是不再為他買有鞋帶的鞋子了？」母親點了點頭。

專家又問：「孩子第一次洗碗的時候，打破了一個碗，從此以後，你是不是不再讓他走近洗碗槽了？」母親稱是。

專家接著說：「孩子第一次整理自己的床鋪，整整用了兩個小時的時間，你嫌他笨手笨腳了，對嗎？」這位母親驚愕地看了專家一眼。

專家又說道：「孩子大學畢業去找工作，你又動用了自己的關係和權力，為他謀得了一個令人羨慕的職位。」這位母親更驚愕了，從椅子上站了起來，湊近專家問：「您怎麼知道的？」

專家說：「從鞋帶開始知道的。」母親問：「以後我該怎麼辦？」

專家回答：「當他生病的時候，你最好帶他去醫院；他要結婚的時候，你最好給他準備好房子；他沒有錢時，你最好給他送錢去。這是你今後最好的選擇，別的，我也無能為力。」

這是美國心理學家華萊士在他的著作《父母手記：教育好孩子的 101 種方法》中提到的一個例子。這個事例說明了什麼問題？教育學家說這是教育的失敗，是母愛的泛濫而形成的溺愛；心理學家則會認為這是「戀母情節」造成對母親的依賴。如果從賽局的角度來看，這卻是一場長期一邊倒的賽局，其最終的結局是一場雙輸的零和賽局。

事例中，母親總是把兒子看做長不大的孩子，為孩子代勞一切，從綁鞋帶開始，一步步滑向「深淵」，致使孩子長大後無法適應社會。在這個過程中，母親是不斷地「付出」，孩子是心安理得地享受，所以，這是一邊倒的賽局，只是母親和孩子都沒有意識到他們是在進行一場賽局。作為母親，她希望孩子健康、快樂、快速地成長，所以什麼都包辦代替；作為孩子，他把一切都認為理所當然。短期來看，因為孩子那些微不足道的問題，在母親手中是簡單易行的，所以這種一邊倒的「合作」賽局惡果顯示不出。但從長期來看，當這位母親對長大的兒子遇到的問題已經無能為力，而兒子除了依賴母親也不會尋找別的辦法時，必然引發激烈的矛盾和衝突，所以，母親與兒子賽局的最終結局是一場雙輸的零和賽局。

孩子是父母生命的延續，是家庭的希望。因為太愛自己的孩子，父母都會傾注自己的心血去塑造孩子。但越是這樣，越要清楚地意識到，父母與孩子除了血緣關係，還有一種賽局關係，要與孩子形成合作性賽局，就要用正確的方式教導孩子。孩子越小，可塑性越大，形成合作性賽局的機率也就越大。有許多家長，特別是初為父母者，往往認為孩子尚小，不懂事，早期教育作用不大，等到長大再教也不遲。結果是縱容遷就孩子，使孩子養成諸多惡習，最終與父母走向對抗，形成一種非合作性賽局，真是令人心酸。

孩子能否健康成長，取決於父母是否正確教育。如果一廂情願地認為孩子長大後自然會明白，一味姑息縱容，無異於在培養「家庭的小皇帝」。缺乏健康心態的「小皇帝」必然是趾高氣揚、唯我獨尊。這時候父母再希望他們聽話、合作就不可能了，因為他們的關係已經從家長與子女的關係變成了「君臣關係」，他們已經沒有平等合作賽局的基礎了。

為了孩子的將來，也為了自己，善良的父母請多點理性，少點衝動，不要總是把孩子捧在掌心，讓他們成為騎在父母頭上的「家庭小皇帝」。

可愛又可恨的會員卡

會員制度是一種「進口」商品。用會員卡能節省錢，似乎成為消費者的共識；用會員卡能吸引顧客，也似乎成為商家最慣用的行銷手段。會員卡似乎成為賣場、便利商店、美容院等一切服務行業吸引回頭客的亮點。用會員卡消費，似乎成為一種時尚。「您辦了會員卡了嗎」成為一種時尚的問候語。

然而，是否擁有會員卡就能從中受益呢？會員卡到底是商家一項長期的策略性行銷策略，還是暫時獲取利益的手段？是不是所有的人都贊成或者使用會員卡呢？會員卡僅僅是一種盈利和省錢的賽局策略嗎？要想找到答案，我們就先來看看下面的案例。

楊小姐家附近新開了一家超市，實行會員制，聲稱消費 30 元累積一點，累積到一定點數就能夠換取電鍋、洗衣機、冰箱等不同物品。她盤算一下，自己家裡一年的消費少說也有幾萬元，半年就可以累積到一臺冰箱的點數。於是家中大到家用電器，小到一袋味精她都在該超市買。一年下來，楊女士累積了上萬點。可等她帶著家人興沖沖地去換冰箱時，卻只拿到了一袋洗衣粉。原來，據超市解釋，累積的點數 3 個月結算一次，不主動結算，自動作廢。楊女士發現象自己一樣情況的人員不少，便一起提出抗議。超市經理拿出會員規章制度，指出超市具有最終解釋權。會員詢問，超市具有告知的義務，會員不詢問，超市不會主動解釋。楊女士頓時傻了眼，她覺得會員制簡直就是「騙子制度」。

從理論上講，會員制度是商家和消費者的一種合作性賽局。商家透過會員制度培養一批穩定的消費者，使自己有了固定的客源，儘管各種物品價格降低，利潤減少，但薄利多銷，仍然可以增大利潤總額，獲得理想的經濟效益。對於會員來說，在這個商店是消費，在那個商店也是消費，成為一家有較高品味、價格合理的商家的會員，每件商品都比非會員減少那麼一點點，則不僅僅是直接經濟上的節省，還省去了貨比三家、來回奔波的購物成本，這同樣也是間接上的節省。因此，對商家和消費者來說，會員制理論上是一種雙贏的賽局。

但會員制度存在著危機。上述案例中，從表面上看超市是贏家，因為他們僅靠一點雕蟲小技就讓消費者大掏腰包，而自己卻以種種理由「義正詞嚴」地拒絕了應該返還給消費者的利益，可以說商家和消費者實行了一場一邊倒的零和賽局。但從長遠觀點來看，商家顯然是輸了。在競爭日益激烈的今天，面對琳瑯滿目的商品和多如過江之鯽的商家，供需關係的主動權已經轉到顧客手中，顧客成為真正的上帝，保持一批忠誠的顧客比發展一批新顧客要困難得多。楊小姐慕名而來，成為回頭客，顯然是潛在的長期顧客，但商家為了眼前的九牛一毛之利，就把顧客推出了自己的服務視線，這是一種短視的做法。

有句俗語：「好事不出門，壞事傳千里。」其實，商家推走的不是一位顧客，而是一個顧客團隊。美國一位推銷員曾經說過一句話：「讓一位顧客滿意，他可以帶來八位顧客。」這句話反過來也是一樣。我們可以想像，楊小姐必然會將自己的遭遇告訴給周圍的人，周圍的人聽後就會避而遠之。因為這種不忠誠的會員制度，就像裹著蜜糖的毒藥，起初嘗試感覺很好，最終還是要坑了消費者。同時，這反過來也坑害了商家自己。這種短視賽局是不可取的。

會員制度本身是一種值得嘗試和推廣的制度，但如果鼠目寸光，只注重短期利益的話，不僅會傷害消費者的感情，也會讓商家遭受重創。商家只有掌握會員制度的精髓，扎扎實實地與消費者合作，腳下的路才會越走越寬。

就業還是創業—面對事業的艱難選擇

「給自己打工」是眾多大學生的口頭禪。如今，越來越多的大學生走出大學校門後，會選擇創業這條高風險、高收入的道路，甚至部分學生在校園讀書的時候就開始了自己的創業歷程。但過來人都知道創業這條險路走起來困難重重。很多「創業一族」在經歷了重重苦難之後，加入到朝九晚五的上班族中。

面對商機重重、誘惑重重、危機重重的經濟社會，即將走向社會，奔赴工作的青年學子，該如何正確看待就業和創業的關係呢？

其實，創業和打工實際上並不矛盾。「打工不如開小店」的說法本身沒有錯，我們的社會應該是鼓勵有能力的人創造勞動職位，而不是一味地占據各行各業的職位。不過具體到還沒有完全或者剛走向社會的大學生來說，是要打工就業還是自主創業需要好好權衡。

從全世界來看，大學生創業是必然的趨勢。聯合國教科文組織「面向21世紀教育國際研討會」指出，21世紀，全世界將有50%的大學生和大專學生走上自主創業的道路。但是，創業的前提是必須要有一個比較完善的市場經濟體制，有一個比較健全的創業環境。

大學生要創業，必須先訓練，累積工作經驗是必經之路。也就是說，大學生要創業，必須有一個對社會環境、經營模式、市場規律熟悉的前提，再結合自己的理想與現有的社會資本和經濟資本，一步一步地進行。如果僅僅憑藉一時的衝動，盲目創業，等熱情過後，就會面臨重重困難，這很容易消耗大學生創業的熱情，耗盡他們僅有的資本。

對大學生而言，要有創業的熱情，這是歷史賦予他們的責任。作為最具創造潛力的一個社會集體，應該為社會創造就業職位，而不是要求社會提供就業職位。但是，創業的前提是創造創業的條件，包括資金、社會閱歷、相關工作經驗等，而在所有的條件中，最重要的是工作經驗的累積，對相關行業的熟悉。工作經驗一方面可以從畢業後的工作中取得，另一方面可以在大三、大四累積創業經驗。

因此，對於即將或者剛剛走向社會的大學生來說，就業是創業的前提，創業是就業的發展方向。如果大學生先選擇就業，就可以用公司的錢圓自己的夢，把創業成本降低到最低程度。但如果大學生先選擇創業，一旦創業失敗，就會給今後的就業帶來潛在的危機：從大學生自身的角度說，從自由人到職業人的角色的轉換需要一定的過程，而且原本求職前的經驗很可能成為一種沉沒成本，是一種浪費；從企業的角度說，企業知道創業大學生沒有「白領文化」或「打工文化」，知道他們事前在創業，就會對他們的穩定性或忠誠度產生懷疑，對他們求職也造成了困難。

總之，就業和創業都是事業，不是一對矛盾的賽局主體，而是一對相互促進的主體，可以互相轉化。對於雄心勃勃的大學生來說，先就業，把工作當做自己的事業，在工作中不斷進步、不斷反思、不斷累積，使自己擁有比較成熟的經濟、社會、人力資本，然後再從就業轉向創業，相信這應該是一種比較理性和切合實際的做法。

第六章

人際篇 —— 進退自如的處世哲學

交往中的心理賽局

俗話說：「知人知面難知心，畫龍畫虎難畫骨。」每個人的心理都是很難揣測的，因為人的大腦一天至少有 5 萬個想法。尤其是在關係複雜的社會網中，每個人都有自己的為人處世的方法，都有自己的心理表徵。面對每一件事，都要經過一番心理鬥爭，而社會的種種現象正是發生矛盾的雙方心理賽局的結果。那麼，在人際交往的心理賽局中我們該如何選擇呢？可以先看下面一個有趣的賽局遊戲：

假設每一個學生都擁有屬於自己的一家企業，現在他必須自己作出選擇。選擇一：生產高品質的商品來幫助維持現在較高的價格；選擇二：生產偽劣商品來透過別人的所失換取自己的所得。每個學生將根據自己的意願進行選擇，選擇一的學生，將把自己的收入分給每個學生。

事實上，這是一個事先設計好的賽局，目的是確保每個選擇二的學生總比選擇一的學生多得 50 美分，這個設定當然是有現實意義的，因為生產偽劣商品成本比生產高品質商品的成本低。不過，選擇二的人越多，他們的總收益也就會越少，這個假設也是有道理的：偽劣商品過多，會造成市場的混亂，他們的企業也就會跟著受到影響，信譽跟著降低。

現在，假設全班 27 名學生都打算選擇一，那麼他們各自將得到 108 美元。假設有一個人打算偷偷地改變決定 —— 選擇二，那麼，選擇一的學生就少了 1 名，變為 26 名，他們將各得 104 美元，比之前少了 4 美分，但那個改變自己主意的學生就會得到 154 美元，而比原來要多出 46 美分。

不管最初選擇一的學生人數有多少，結果都是一樣的。很顯然，選擇二是一個優勢策略。每個改選二的學生都將會多得 46 美分，而同時會使除自己以外的同學分別少得 4 美分，結果全班的收入會少 58 美分。等到全班學生一致選擇二，想盡可能使自己的收益達到最大時，他們將各得 50 美分。反過來講，如果他們聯合起來，也就是協同行動，不惜將個人的收益減至最小，那麼，他們將各得 108 美元。

但賽局的結果卻十分糟糕。在演練這個賽局的過程中，由起初不允許集體討論，到後來允許討論，但在這個過程中願意合作而選擇一的學生從 3 人到 14 人不等。在最後的一次帶有協議的賽局裡，選擇一的學生人數為 4 人，全體學生的總收益是 1582 美元，比全班學生成功合作可以得到的收益少了 1334 美元。一個學生嘟囔道：「我這輩子再也不會相信任何人了。」

而事實上，在這個賽局遊戲裡，無論如何選擇，都不會有最優的情況出現，類似於囚徒困境。即使達成合謀，由於人的心理太過複雜，結果也不是預期的那樣子。所以，在這樣複雜的心理賽局中，我們不能苛求要獲得一個最好的結果，因為人心各異，最好的結果根本就不存在。在生活中遇到類似上述遊戲的賽局情況時該如何選擇呢？那就是保證一點——不要太貪婪，只要有利益就可以，不要妄求有太多的利益或要獲得比別人更多的利益。

空手道，實現多贏賽局

在現代市場經濟中，有不少智者在缺乏資金的情況下，不僅為自己帶來了利益，還為別人帶來了利益，實現了一種多贏賽局，他們靠的就是「空手套白狼」的賽局智慧，俗稱「空手道」。

在美國農村，住著一個老頭，他有三個兒子。大兒子、二兒子都在城裡工作，小兒子和他在一起，父子相依為命。

突然有一天，一個人找到老頭，對他說：「尊敬的老人家，我想把你的小兒子帶到城裡去工作。」老頭氣憤地說：「不行，絕對不行，你滾出去吧！」這個人說：「如果我在城裡替你的兒子找個妻子，可以嗎？」

老頭搖搖頭：「不行，快滾出去吧！」這個人又說：「如果我為你兒子找的妻子，也就是你未來的兒媳婦是洛克斐勒的女兒呢？」老頭想了又想，終於被兒子當上洛克斐勒的女婿這件事打動了。

過了幾天，這個人找到了美國首富石油大王洛克斐勒，對他說：「親愛的洛克斐勒先生，我想給你的女兒找個男朋友。」洛克斐勒說：「快滾出去吧！」這個人又說：「如果我為給你女兒的伴侶，也就是你未來的女婿是世界銀行的副總裁，可以嗎？」洛克斐勒於是同意了。

又過了幾天，這個人找到了世界銀行總裁，對他說：「親愛的總裁先生，你應該馬上任命一個副總裁！」總裁先生搖頭說：「不可能，這裡這麼多副總裁，我為什麼還要任命一個副總裁，而且必須馬上任命呢？」這個人說：「如果你任命的這個副總裁是洛克斐勒的女婿，可以嗎？」總裁先生當然同意了。

於是，老頭的兒子沒有花任何代價就成了世界銀行的總裁，並娶了洛克斐勒的女兒為妻。

這個故事雖然是虛構的，但看完後卻令我們不得不讚嘆那人「空手套白狼」的智慧。

許多人在通往成功的路上，往往抱怨沒有資金，沒有人力，沒有可助自己成功的資源。其實，這話按常規理解沒有錯。但是，如果人的頭腦足夠靈活就完全可以借助「空手道」的賽局智慧取得成功。

那麼什麼是「空手道」？用科學的語言來描述，就是透過獨特的創意、精心的策劃、完美的操作、具體的實施，在法律和道德規範的範圍之內，巧借別人的人力、物力、財力，來獲取成功的運作模式。

孔明發明的草船借箭法就是「空手套」的經典招數，它被後人紛紛效仿，也被應用於生活的各個領域。

有一位年輕人，最大的嗜好就是餵養鴿子。然而隨著鴿群的逐漸增大，他的經濟狀況越來越拮据。面對財政上出現的赤字，他除了焦急也無可奈何。

直到有一天，他被離家不遠的街心花園裡的幾隻小鳥觸動了靈感。那是幾隻在此安家落戶的野鳥，適應了人來人往的都市氛圍，有時一些遊客順手丟些零食，牠們會乖巧地啄食。見此情景，年輕人聯想到了自己的一群鴿子。

於是，在一個假日，年輕人將自己的鴿子帶到了街心花園裡。果然不出所料，前來遊玩的人們紛紛將玉米花拋向鴿子，又逗又玩，有人還趁機照相。一天下來，鴿子吃飽了，省下了年輕人一天的飼料錢。這個年輕人沒有就此滿足，他想到了一個更加絕妙的主意，就是在花園裡出售袋裝飼料，既可以盈利，又可以餵養鴿子。

年輕人辭去了原先的工作，專門在公園內出售鴿子飼料，收入居然超過了以前的薪水，又省下了餵養鴿子的大筆開銷，同時可以終日逗弄自己心愛的鴿子，真所謂「一舉數得」，街心花園也因此出現了一個新的景點。

用遊客的錢餵自己的鴿子，同時還可獲利，年輕人這一巧妙的暗借，將孔明先生的妙計繼承並發揮得淋漓盡致。

當然，空手道的招數還有很多，只要我們擁有知識，擁有智慧，自然會運用各種空手道的智慧去實現多贏賽局。

打好「借」字這張牌

《詩經．小雅．鶴鳴》中有「他（它）山之石，可以攻玉」的句子，意思是其他山上的石頭，可以取來製作治玉的磨石，也可以用來製成美好珍寶。這句詩可以理解為「借助外力，改己缺失」，表達了一種借力的賽局思想。小豬的力量雖然弱小，但是它可以借大豬之力達成所願。每個人的能力都是有限的，但只要能打好「借」字這張牌，人就彷彿生出了三頭六臂，實現單憑一己之力無法實現的目標。

1950 年代末期，美國的佛雷化妝品公司幾乎獨占了黑人化妝品市場。儘管有許多同類廠家與之競爭，卻無法動搖其霸主的地位。這家公司有一名業務員名叫喬治．強生，他邀集了三個夥伴自立門戶經營黑人化妝品。夥伴們對這件事表示懷疑，因為很多比他們實力更強的公司都已經在競爭中敗下陣來。強生解釋說：「我們只要能從佛雷公司分得一杯羹就能受用不盡，所以在某種程度上，佛雷公司越發達，對我們越有利！」

強生果然不負夥伴們的信任，當化妝品生產出來後，他就在廣告宣傳中用了經過深思熟慮的一句話：「黑人兄弟姐妹們！當你用過佛雷公司的產品化妝之後，再擦上一層強生的粉底霜，將會收到意想不到的效果！」這則廣告用語確有其奇特之處，它不像一般的廣告那樣盡力貶低別人來抬高自己；而是貌似推崇佛雷的產品，其實質是來推銷強生的產品。

藉著名牌產品這只「大豬」替新產品開拓市場的方法果然靈驗。透過將自己的化妝品與佛雷公司的暢銷化妝品排在一起，消費者自然而然地接受了強生的粉底霜。接著這只「小豬」進一步擴大業務，生產出一系列新產品。經過幾年努力，強生的公司終於成了黑人化妝品市場的新霸主。

當然，在商業運作中借用他人力量的前提下，使自己有主導產品。只是在發展過程中自己的力量不足時，才借「大豬」的活動來壯大自己的實力，擴大自己的市場占有率。

■ 借力使力，以巧制勝

什麼是借力使力？在平時的生活交往中，我們有時會碰見很多刁鑽、棘手的問題，對方的道理好像沒有可破之處，我們用常理很難說話或反駁，這時我們不妨從對方的話語裡找破綻，從而見招拆招，借力使力。

■ 借力使力的實際應用

第一種情況：在和主管們的交往中，往往會碰見這兩種情況：一是主管提出的問題十分敏感，二是主管的做法不對。借力使力，把你提問我的問題再拋給你，巧妙化解問題。

第二種情況：對方是惡意刁難，「借力使力」，把強加我的力反作用還給你，不失風度。

第三種情況：面對別人話說話模糊或者故弄玄虛時，以其人之道，還其人之身，借力使力 —— 你玄我也玄，你模糊我也模糊。

善借名人效應成就自己

從賽局論的角度來看，「名人」無疑是一頭「大豬」，「小豬」們如果善於借助「名人的效應」為自己所用，無疑會在成功的路上順風順水。

一位商人積壓了一大批滯銷書，當他苦於不能出手時，一個主意冒了出來：給總統送一本。於是，他三番五次向總統徵求意見。總統每天忙於政務，哪有時間與他糾纏，為了敷衍，便隨口而出：「這本書不錯。」於是商人便大做廣告：「現有總統喜愛的書出售。」於是這些書在短時間內就兜售一空。

時間不長，這個商人又有了賣不出去的書，他便又送了一本給總統。總統鑒於上次一句隨意的話讓他發了大財，想奚落他，就說：「你這書糟糕透了。」商人聞之，依然是滿心歡喜。回去以後又做廣告：「現有總統討厭的書出售。」有不少人出於好奇爭相搶購，書又兜售一空。

第三次，商人又將書送給總統，總統接受了前兩次教訓，便不予作答而將書棄之一旁，說了句：「我不下結論。」他想看看這傢伙還能倒騰出什麼來。不想商人離開後又大做廣告：「現有總統難以下結論的書，欲購從速。」居然又被一搶而空。總統哭笑不得，商人大發其財。

上例中的商人深諳借名人效應的強大威力，將「借」這一賽局策略演繹得出神入化，不得不令人佩服。然而還有一些人，當機遇擺在面前，名人就在身邊時卻視而不見，甚至拱手送人，眼睜睜看著大好的機會從眼前溜走，不得不讓人扼腕嘆息。

其實，在生活中，即使是強勢的一方，在賽局之初，他們的力量可能也很弱小，但是最終卻由弱變強，這與他們借助名人效應的賽局策略是分不開的。人們總有這樣的心理，凡是名人生活的環境都是非凡的，凡是與名人有連繫的必定是不一般的。基於這種心理，人們都紛紛追逐、模仿名人，所有與名人沾邊的東西也就容易成為搶手的東西，所有與名人沾邊的人也會成為不平凡的人。

因此，在與他人賽局的過程中，「小豬」們應想盡一切辦法借助名人的效應。當然要做到這一點，你必須首先與名人沾邊，學會把名人變成朋友，把朋友變成兄弟。成了名人的兄弟，自己也就成了名人，自己成了名人，成功就像買菜一樣容易了。

有人提出異議：「這道理誰都明白，關鍵是怎麼和名人成朋友。」我們不妨來聽一下千金買鄰的故事。

在南北朝的時候，有個叫呂僧珍的人，世代居住在廣陵地區。他為人正直，很有智謀和膽略，因此受到人們的尊敬和愛戴，而且遠近聞名。

因為呂僧珍的品德高尚，人們都願意和他接近與交談。季雅在呂僧珍家隔壁買了一間房屋。

有人問，「你買這房子花了多少錢？」

「一千一百兩。」

「怎麼這麼貴？」

季雅說：「我是用百金買房子，用千金買高鄰啊！」

可能有人會說：我沒有千金買鄰的實力，所以交不到名人朋友。但如果你有季雅千金買鄰的勇氣和魄力，什麼樣的名人朋友交不到？一旦和名人沾上邊，所謂的名人效應也就信手拈來了。

利用別人的風頭讓自己出風頭

借助「名人效應」提高自己的知名度，可謂是智豬賽局中小豬借力策略的推廣模式。古人早已懂得，要想讓自己為

天下人所知，最直接的方法莫過於「利用別人的風頭讓自己出風頭」。

東晉的丞相王導很善於治理國事。當初渡江到南京時，國庫空虛，僅有幾千匹不值錢的白絹。為了渡過難關，王導自己先做了一件白絹的單衣穿在身上，又動員大臣們出門上朝也都穿上這樣的衣服。上行下效，人們都爭相效仿穿起了這種白絹衣服。白絹一時供不應求，價格很快上漲到了每匹一金。這時王導下令將國庫中的白絹全部賣掉，因此多得了幾倍的銀錢。王導利用人們崇拜名人、追慕時尚的心理，解決了財政困難。

其實，王導利用名人威望的謀略早在他的政治活動中就曾施展過。那時，晉元帝司馬睿還只是琅玡王。王導覺察到天下已亂，便有意擁戴司馬睿，復興晉室。司馬睿出鎮建康（今江蘇南京）後，吳地人並不依附。時過一個多月，仍沒有人去拜望他。王導十分憂慮，便想到要借助當地的名人來提高司馬睿的威望。

於是他對已有很大勢力的堂兄王敦說：「琅玡王雖然仁德，但名聲不大。而你在此地早已是有影響力的人，應該幫幫他。」他們約好在三月上巳結伴隨司馬睿去觀看修禊儀式。

到了那一天，他們讓司馬睿乘坐轎子，威儀齊備，他們自己則和眾多名臣驍將騎馬扈從。江南一帶的大名士紀瞻、顧榮等人，見到這種場面，非常吃驚，就相繼在路上迎拜。

事後，王導又對司馬睿說：「自古以來，凡能稱王天下的，都虛心招攬俊傑。現在天下大亂，要成大業，當務之急便是取得民心。顧榮、賀循兩人是當地名門之首，把他們吸引過來，就不愁其他人不來了。」

司馬睿聽了王導的話，就派王導親自登門拜請顧榮、賀循。受他們的影響，吳地士人、百姓，從此便歸附司馬睿。東晉王朝終於得以建立。

尋找一位「衣食父母」，借其之力平步青雲

無論是借他人之力，還是借名人的聲望，這些「借」都能縮短自己的奮鬥時間，是典型的「搭便車」行為，而那些助我們成事的人便可稱為貴人。貴人可能是學識淵博者、德高望重者、有錢人，也可能是公司裡身居高位的人、令掌權人物崇敬的人，等等。在現實生活中，他們或者能夠為我們指點迷津，或者於關鍵時刻助我們一臂之力，總之，以各種各樣的方式提供給我們更多的便利和幫助。事實上，有很多人靠貴人的力量改變了自己的命運，這樣的名人故事並不少見。

美國老牌影星寇克·道格拉斯年輕時落魄潦倒，沒有人認為他有一天會成為明星。但是，有一次寇克搭火車時，與旁邊的一位女士攀談起來，沒想到這一聊，聊出了他人生的

轉折點。沒過幾天，寇克被邀請到製片廠報到，從此開始了自己的影壇生涯。原來，這位女士是位知名製片人。

類似的事例不勝枚舉：如果沒有甘迺迪的相助，柯林頓不會棄樂從政，並當上美國總統。如果沒有吉米·羅林斯的影響，安東尼·羅賓就不會成為世界上演講費最高的成功學大師。

種種事實表明，一個人要想迅速成就一番大事業，光靠自己一方面的力量是不夠的。要善於為自己尋找一個貴人，借貴人之力成就自己。

所以，想要在廣闊天地中有所作為的人，必須充分意識到貴人的存在和重要作用。遇到貴人的時候，更要秉承一顆感恩之心，謙虛求教，誠懇求助。這樣就不會錯過貴人相助的大好機遇，並利用這一機遇創造人生的輝煌。

莫當獨行俠，學會借勢揚名

依據智豬賽局中小豬的經驗，如果自身的力量太單薄，勢力太弱小，這個時候就需要「借勢」，借他人的力量、金錢、智慧、名望甚至社會關係，用於擴充自己的關係，增強自身的能力。

孫子說：故善戰者，求之於勢。

聰明的人都懂得借勢的道理。如果你想儘快地成功，就必須有一個良好的載體，也就是說你想儘快地到達成功的目的地，就必須「借乘」一輛開向成功的快速列車。

一隻蝴蝶的平均壽命是1個月，如果牠從南京飛到臺北，需要6個月的時間，那怎麼才能夠實現這一願望呢？

答案很簡單，先飛到一架開往臺北的班機內，利用飛機這個載體，就能輕而易舉地做到。

如果自身的力量太單薄，勢力太弱小，在與人賽局的過程中無疑會處於劣勢地位。這個時候就需要「借勢」，就是借別人的力量、金錢、智慧、名望甚至社會關係，用於擴充自己的大腦，增強自身的能力，正所謂借他人之光照亮自己的前程。

那麼，我們可以借助哪些「勢力」為己所用呢？

- **良師之勢**：一個人要成大業比登天還難，但是一個人如果能得到良師益友的鼎力相助而形成一個團結的集體，那麼要成大業就易如反掌。
- **朋友之勢**：一個人在外打拚實在不易，如果能得到朋友的幫助，就如雪中送炭，如虎添翼，所以說「多個朋友多條路」實在是人生的大幸。一些來自天南海北的人常在初次交往後會發出這樣的驚嘆：「嗨！這世界簡直太小了，繞幾個彎子，大家都成熟人了。」其中奧妙就在於此。

- **親戚之勢**：俗話說：「是親三分近。」親戚之間大都是血緣或親緣關係，這種血濃於水的特定關係決定了彼此之間關係的親密性。這種親屬關係是提供精神、物質幫助的源頭，是一種能長期持續、永久性的關係。因此，人們都具有與親屬保持聯繫的義務。平常與親戚保持密切聯繫，在困難時期，親戚才會對你鼎力相助。
- **同學之勢**：同學之間因為從小就接觸，彼此了解很深，而且學生時代的交往沒有功利色彩，所以同學友誼的含金量是最高的。對於我們來說，能有幾個已是成功人士的昔日同學，會方便很多。在臺大、政大等大學，許多人花了大價錢參加諸如企家班、金融家班等各種EMBA。對他們而言，學知識是次，交朋友才是主。一些大學也從中找到了賣點，招生簡章上的廣告就是：擁有某某學校的同學資源，將是你一生最寶貴的財富。
- **同鄉之勢**：共同的人文背景、地理、位置、風俗習慣，使同鄉有一種天然的親近感。於是，同鄉之間也就有著一種特殊的情感關係。如果都是背井離鄉、外出謀生者，則同鄉之間必然會互相照應的。

  同鄉的關係是很特殊的，也是一種很重要的人際關係。既然是同鄉，涉及某種實際利益的時候，則是「肥水不流外人田」，自然會讓「圈子」內的人「近水樓臺先得月」。也就是說，必須按照「資源共享」的原則，給予適當的「照顧」。

善用同鄉，你可以獲得很多有用的東西，與人賽局時的勝算也會多幾分。

當我們想成就一番事業而又勢單力薄的時候，不妨做「智豬」，借助上面這些「大豬」的力量為成功鋪路。

化敵為友，借對手成功

在智豬賽局中，如果小豬總是搭便車，大豬雖然無可奈何，但是怨氣肯定是有的，自然也會視小豬為最大的敵人。久而久之，也不排除大豬不再去踩腳踏板的可能性。那麼，小豬有沒有方法讓大豬這個敵人心甘情願為自己覓食呢？

一個牧場主和一個獵戶比鄰而居，牧場主養了許多羊，而他的鄰居卻在院子裡養了一群凶猛的獵狗。這些獵狗經常跳過柵欄，襲擊牧場裡的小羊羔。牧場主幾次請獵戶把狗關好，但獵戶不以為然，口頭上答應，可沒過幾天，他家的獵狗又跳進牧場橫衝直撞，小羔羊深受其害。牧場主再也坐不住了，於是到當地的法院控告獵戶，要求獵戶賠償其損失。聽了他的控訴，法官說：「我可以處罰那個獵戶，也可以發布法令讓他把狗鎖起來。但這樣一來你就失去了一個朋友，多了一個敵人。你是願意和敵人做鄰居呢，還是願意和朋友做鄰居？」牧場主說：「當然是和朋友做鄰居。」「那好，我給你出個主意。按我說的去做，不但可以保證你的羊群不再受騷擾，還會為你贏得一個友好的鄰居。」法官如此這般交代一番，牧場主暗暗叫好。

回到家，牧場主就按法官說的挑選了 3 隻最可愛的小羊，送給獵戶的 3 個兒子。看到潔白溫順的小羊，孩子們如獲至寶，每天放學都要在院子裡和小羊羔玩耍嬉戲。因為怕獵狗傷害到兒子們的小羊，獵戶做了個大鐵籠，把狗結結實實地鎖了起來。從此，牧場主的羊群再也沒有受到騷擾。兩家的關係也一直非常和睦。

這場矛盾就好比一個智豬賽局的過程，牧場主就是賽局中的「小豬」，而獵戶則是「大豬」。從問題解決的結果可知，「小豬」完全可以透過給予一定的利益將「大豬」這個敵人變成朋友，並借助「敵人」之力成就自己。

同樣精通此種賽局策略的還有比爾蓋茲，美國的 Real Networks 公司曾於 2003 年 12 月向美國聯邦法院提起訴訟，指控微軟濫用了在 Windows 上的壟斷地位，限制 PC 廠商預裝其他媒體播放軟體，並且無論 Windows 用戶是否願意，都強迫他們使用綁定的媒體播放器軟體。Real Networks 要求獲得 10 億美元的賠償。

然而，事情的發展總是出乎人們意料，在官司還未結束時，Real Networks 公司的執行長葛拉瑟致電比爾蓋茲，希望得到微軟的技術支持，以使自己的音樂文件能夠在網路和行動裝置上播放。所有的人都認為比爾蓋茲一定會拒絕他。但出人意料的是，比爾蓋茲對他的提議表示歡迎。

事後，微軟與 Real Networks 公司達成了一份價值 7.61 億美元的法律和解協議。根據協議，微軟同意把 Real Networks 公司的 Rhapsody 服務包括進其 MSN 搜尋、MSN 資訊以及 MSN 音樂服務中，並且使之成為 Windows Media Player 的一個可選服務。一場官司就在一片祥和中化解了。

人在社會上闖蕩，難免會樹立起敵人，如何處理好與這些「敵人」的關係？紅頂商人胡雪巖有這麼一句話：多一個朋友多條路，多一個敵人多堵牆。一和萬事興，在合適的時候，我們不妨站到敵人身邊去，化敵為友，借助對方的力量實現雙贏。

承諾也是一種競爭力，用承諾贏取合作

榮獲第 74 屆奧斯卡最佳外語片獎的電影《三不管地帶》中講過這樣一個故事。

故事發生的背景是波士尼亞戰爭戰爭，一群波士尼亞士兵在大霧中迷路，走到了塞爾維亞人的陣地前面。在大霧散去以後，塞爾維亞士兵發現這群波士尼亞人，一場攻擊在所難免。

激烈的攻擊結束以後，崔奇似乎是唯一的倖存者，他設

法隱藏在了「三不管地帶」處的一個遺棄的戰壕裡，還俘虜了前來打掃戰場的塞爾維亞人尼諾。後來他們又發現另一個活著的波士尼亞士兵席拉，但是十分糟糕的是，他受傷了，而且身體下面還被塞入了一顆地雷，如果他動一下的話，三個人都會死。事情開始變得複雜了。

三個本來有著不同人生軌跡的人被相同的命運連在了一起，於是他們開始嘗試「合作」：分別向各自的陣地喊話（他們正好夾在敵對雙方的中間，也就是「三不管地帶」），要求雙方不要開槍；他們也試圖「解決」敵對關係，比如談論雙方共同的朋友。但是由於相互之間的猜忌和對立，他們又時常爭吵。

雙方的部隊也因為這三個士兵而放棄了對抗，一起向聯合國部隊請求援助。事情發展到這裡，問題本可以到此解決了，可是複雜的歷史原因（雙方的敵意）和現實的困難（席拉身體下面要命的地雷）製造了很多問題。由於媒體的曝光，全世界都在關注這起事件，聯合國不得不派出高級官員前往解決，但還是無能為力……最後的結果是，尼諾和崔奇在「循環報復」中送了命，聯合國部隊製造了「和平解決」的假象來應付輿論。至於席拉則還是躺在那顆該死的地雷上，不知道自己的命運將走向何方。

在這個故事中，為了避免零和或負和賽局，尼諾和崔奇都是願意合作的，雙方軍隊也是因為自己人處在危險中而無意對抗，甚至聯合國都出面維持和平……但為什麼在每個人都希望合作的情況下卻造成了如此悲慘的結局呢？稍作分析我們就可發現，缺乏承諾是造成悲劇的根源 —— 在關鍵時刻作出承諾，可以避免誤解和衝突。

在賽局中，能為我們帶來合作的承諾必須符合兩個要求：適度和切實。

從通常意義上來說，適度地承諾，具有很豐富的和很具個性的內涵，它因人而異，因情勢而異，故難以對它作整齊劃一的界說；但是，從大多數人的現實境遇中不難看出，承諾如若經常性地失效，往往會使人陷入困窘、煩憂，乃至十分尷尬的境地。因此，在通常情況下，我們在決定承諾之前要防止感情衝動，以保持冷靜的頭腦，注意承諾的適度，這是有效承諾的第一個要求。

有效承諾的第二個要求是切實，也就是履踐對他人的承諾（也可稱為允諾、許諾）。一個人是否能信守承諾，往往決定了他在賽局中能否達到有效的合作，也往往鮮明地反映著他的為人風範、精神品味和生活藝術的優劣，以及未來的人生走向。

「資訊網路」發達的世紀，也是「信譽」當家的世紀，越來越多的人之間，「有限合作」、「項目合作」、「局部合作」、「短期合作」以及「即興合作」的方式將快速增長，並將成為人們智慧生存方式的主流。在這種情勢下，我們只有切實做好承諾和應諾，才能贏得長久的合作。

找準他人的「興奮點」，用興趣誘導合作

美國《紐約日報》總編輯雷特身邊缺少一位精明幹練的助理，他便把目光瞄準了年輕的約翰·海。而當時約翰剛從西班牙首都馬德里卸任外交官一職，正準備回到家鄉伊利諾伊州從事律師職業。

雷特請他到聯盟俱樂部吃飯。飯後，他提議請約翰·海到報社去玩玩。從許多電訊中，他找到了一條重要的海外消息。那時恰巧國外新聞的編輯不在，於是他對約翰說：「請坐下來，為明天的報紙寫一段關於這消息的社論吧！」約翰自然無法拒絕，於是提起筆來就寫。社論寫得很棒，於是雷特請他再幫忙頂一個星期、一個月，漸漸地，乾脆讓他擔任這一職務。而約翰也在不知不覺中對這份工作產生了濃厚的興趣，回家鄉做律師的計劃提得越來越少，最後就留在紐約做新聞記者了。

如前所述，合作能為賽局雙方帶來正和結局。但是賽局之初，很多人因暫時看不到合作能給自己帶來的利益而拒絕合作。此時，如果直接勸服他人與自己合作，或參與到某件

事中，往往容易遭到拒絕，且沒有迴旋的餘地。我們應該向故事中的雷特學習，誘導其先做些嘗試，刺激起他的興趣與渴望，就較容易成功地說服他人與自己合作了。

由此可以得出這樣的賽局策略：央求不如婉求，勸導不如誘導。在運用這一策略的時候，要注意的是：誘導別人參與自己的事業的時候，應當首先找到別人的「興奮點」，引起別人的興趣。

當你要誘導別人去做一些很容易的事情時，可以先給他一點小勝利、小甜頭。當你要誘導別人做一件重大的事情時，你最好給他一個強烈的刺激，激發起他對此事的興趣，使他對做這件事有一個要求成功的渴望。在此情形下，他的自尊心被激發出來，他已經被一種渴望成功的意識刺激了，於是，他就會很高興地嘗試一下。激發起他人對某事的興趣，藉機再誘導他參與合作，確實是一種非常有效的賽局策略。

有效合作，讓牽手撫平單飛的痛

每當秋天，當你見到雁群為過冬而朝南方，沿途以「V」字隊形飛行時，你也許想到某種科學論點已經可以說明牠們為什麼如此飛。當每一隻鳥展翅拍打時，造成其他的鳥立刻跟進，整個鳥群抬升。藉著「V」字隊形，整個鳥群比每隻鳥單飛時，至少增加了 71%的飛升能力。

當一隻大雁脫隊時，牠立刻感到獨自飛行時的遲緩、拖拉與吃力，所以很快又回到隊伍中，繼續利用前一隻鳥所造成的浮力。

當領隊的鳥疲倦了，牠會退到側翼，另一隻大雁則接替牠飛在隊伍的最前端。這些雁定期變換領導者，因為為首的雁在前頭開路，能幫助牠左右兩邊的雁造成局部的真空。科學家曾在風洞試驗中發現，成群的雁以「V」字形飛行，比一隻雁單獨飛行能多飛 12%的距離。

布萊克說過：「沒有一隻鳥會升得太高，如果牠只用自己的翅膀飛升。」人類也是一樣，如果懂得跟同伴牽手而不是彼此單飛的話，往往能飛得更高、更遠，而且更快。

不幸的是，許多人、許多企業並沒有這樣的遠見，他們以為各自的單飛會給他們帶來更大的收益。

隨著社會的不斷發展，個人之間、企業之間合作的案例不斷增多，因為大家都明白，與人有效合作可以提高效率、降低成本並且提高雙方的競爭力，從而實現一個正和賽局。在網路經濟時代，有效合作以實現正和賽局已經成為一種生存方式。

我們生存在一個充滿競爭的時代，生存似乎變得越來越艱難，然而正是如此，才更需要與別人合作。最能有效地運用合作法則的人生存得最久，而且這個法則適用於任何動物，任何領域。

一個人的才能和力量總是有限的，唯有合作，才能最省時省力、最高效地完成一項複雜的工作。沒有別人的協助與合作，任何人都無法取得持久性的成功。

合作與競爭看似水火不容，實則相依相伴。在知識經濟時代，競爭與合作已經成為不可逆轉的大趨勢，合作與團隊精神變得空前重要，只有承認個人智慧的局限性，懂得自我封閉的危害性，明確合作精神的重要性，才能有效地透過合作來彌補自身的不足，以達到單憑個人力量達不到的目的，成為賽局中的贏家。

成功需要炒作，巧借媒體於平中生奇

1992 年，奧利斯公司的新建總部大廈竣工了。公司正在籌劃喬遷公關活動和大廈落成典禮。突然有一天，一大群鴿子飛進頂層的一間屋子裡，並將這個房間當做牠們的棲息之處。本來，這是一件「閒事」，與該公司似乎也沒有什麼關係。不過，奧利斯公司當時的策劃部經理李先生聞知此事後卻喜上眉梢，他立即下令緊閉門窗，迅速保護、餵養鴿群，因為正在為公司喬遷公關活動而勞神費心策劃的他敏銳地意識到，這是擴大公司影響的絕好機會。

李先生將鴿群飛入大樓這件事通知動物保護協會，與時下正火熱的動物保護結合起來，然後有意將此事渲染後，又巧妙地透露給各主要新聞機構，新聞界被這件既有趣，又有意義，更有新聞價值的消息驚動了，於是，很快地，電視臺、報社等新聞傳播媒體紛紛派出記者，趕到這座新落成的總部大廈，進行現場採訪和報導。

動物保護協會基於李先生的申請派專人去處理保護鴿子的「大事」，保證鴿群在不受傷害的情況下回歸大自然，活動整整持續了三天。在這三天中，各新聞媒體對捕捉、保護鴿群的行動爭相進行了連續報導，從而使得社會大眾對此新聞事件產生了濃厚的興趣，以極大熱情關注著活動的全過程，而且消息、特寫、專訪、評論等報導方式將這件「閒事」炒成整個社會關注的熱點和焦點，把大眾的注意力全吸引到奧利斯公司和它剛竣工的總部大廈上。此時，作為公司的首腦，當然也不會放過這一免費宣傳公司形象的機會，他們充分利用專訪頻頻在電視、報紙、廣播中「亮相」的機會，向大眾介紹公司的宗旨和經營方針，讓大眾對公司的了解更加深入，從而大大提高了公司的知名度，結果可想而知，活動大獲全勝。

這個時代是一個炒作的時代，炒名人、炒影視、炒NFT、炒房地產、炒股票、炒古董、炒汽車、炒農產品……它給人的感覺是天下萬物就像炒花生、炒菜那樣，無所不炒。

這是一個傳媒能使人發財的年代，媒體能夠利用雞毛蒜皮的瑣事製造出成千上萬個明星，自然也製造出無以數計的明星企業和企業家。所以，「小豬」們要想迅速走向成功，就必須具有借助媒體進行炒作的智慧，緊跟時代的步伐，製造一些熱門事件、焦點人物、創造新奇概念，挖掘提煉新聞，繼而引起媒體的注意，進行炒作，吸引人們的注意力，從而借助媒體的力量一飛沖天。

順勢而為，借時勢而成氣候

孫中山曾言：「世界潮流，浩浩蕩蕩；順之者昌，逆之者亡。」荀子曾說：「登高而招，臂非加長也，而見者遠；順風而呼，聲非加疾也，而聞者彰。」

雖然說法不同，但意思是差不多的：成就事業者，要認清形勢，借勢而動，順勢而為，唯有如此，方能有所作為。如果一味與發展趨勢逆向而行，只能落得一敗塗地的下場。有這樣一個寓言故事：

一個烈日炎炎的下午，一頭水牛正在離大河口不遠的大樹下休息。這時飛來一隻麻雀，落在一棵樹上，親熱地與水牛打招呼。水牛問：「今天怎麼有空到這裡來玩啊？」麻雀說：「我不是來玩，是來喝水的。」水牛樂了：「你喝水也值得到大河來，隨便一滴水不就夠了嗎？」麻雀卻笑著說：「你信嗎？我喝水比你喝得多呢。」水牛哈哈大笑：「怎麼會呢。」

麻雀說:「我們試試看，你先來。」牠知道馬上就要漲潮了。

水牛伏在河邊，張開大口，用力喝起來，可不管牠喝多少，河裡的水不但不少，反而多了起來。水牛肚子圓鼓鼓的，已經喝不下了。

等到潮快退的時候，麻雀飛過來，把嘴伸進水中。水退潮了，麻雀追著去喝。

水牛傷心地說:「你個頭不大，水卻喝得不少。」

「你服了吧？」麻雀笑著問水牛，然後振翅飛走了，留下大水牛呆呆地望著河水，牠怎麼也想不明白，為什麼會是這樣。

小麻雀能夠輕鬆打敗大水牛，就在於牠懂得借用自然規律，順勢而為。

做人也要懂得順勢而為，需要對事物發展的規律有深入的研究。因此，順勢而為的關鍵是要對趨勢的發生、高潮和衰竭過程有準確的判斷與把握。社會的發展和經濟的運行，其實是一種波段式、螺旋式的前進。比如說，服裝等時尚的流行，幾年時間就是一個輪迴。

對於這些週期性很強的行業來說，要進入就必須在風生水起的時候；乃至高潮迭起時，你可屹立潮頭；待到行業過熱時，則應盡量抽身而退。

強強聯合，與狼共舞勝過在羊群裡獨領風騷

西方有句古諺說：「獅子和老虎結了親，滿山的猴子都精神。」意思是說：與強者建立互利的夥伴關係會產生煥然一新的新景象。這句話在賽局中同樣成立，但在賽局論中，強強聯合更多的是出於策略的思考，即透過大家的共同推動，實現正和賽局的結局。

其實，不僅在經營領域，在生活的各個方面，與狼共舞都要遠遠勝於在羊群裡獨領風騷。如果你想在生活事業上取得成功，實現於人於己都有利的正和結局，就必須學會與狼共舞。

當然，與狼共舞並不是一件容易的事，需要你找準與他們的利益交匯點，若無利可圖，誰也不會和你合作。合作的本質就是在公平的基礎上達到互惠互利。

做人要避免「零和賽局」，有句老話「忍一時風平浪靜，退一步海闊天空」，講的是非暴力的智慧，用賽局論術語來說就是避免「零和賽局」。

在社會生活的各個方面都能發現與「零和遊戲」類似的局面，勝利者的光榮後面往往隱藏著失敗者的辛酸和苦澀。我們生活中的鄰里之間也是一種賽局，而賽局的結果，往往讓人難以接受，因為它也是一種一方吃掉另一方的零和賽局。

在一座公寓裡住著四五家人，由於平時太忙，鄰里之間就如同陌生人一樣，各家都關著門過著平靜的生活。但不久前，這座公寓熱鬧了，原因是，有一家的大人為家裡的女兒買了一把小提琴，小女孩沒有學過小提琴，又喜歡每天去拉，而且拉得難聽極了，更要命的是小女孩還總是挑人們午休的時候拉，弄得整座公寓的人都不高興。於是衝突便發生了，有性格直率的人直接找上門去抗議，結果鬧了個不歡而散，小女孩依然我行我素。大家私下議論紛紛，有年輕人發了狠說，乾脆每家買一個銅鑼，到午休的時候一齊敲，看誰厲害。結果，幾家人一合計，還真那樣做了。結果合計的幾家人，終於讓那個小女孩不再拉提琴了。不過之後的幾天，小女孩見了鄰居，便如同見了仇敵一樣。她認為，是這些人使她不能再拉小提琴的。鄰里關係更是糟糕極了。

可以說，這個典型的一方吃掉另一方的零和賽局是完全可以避免的。對於這件事，其實雙方都有好幾種選擇。對於小女孩這一家來說，其一，他們可以讓女兒去音樂班參加培訓；其二，在被鄰居告知後，完全可以改變女兒拉提琴的時間；其三，也就是在被鄰居告知後，不去理會。而其鄰居也有如下選擇，其一，建議這家的家長，讓小女孩學習一些有關音樂方面的知識；其二，建議他們不要讓小女孩在午間休息時間拉琴；其三，以其人之道，還治其人之身。

但其結果，雙方的選擇很讓人遺憾，因為他們都選擇了最糟糕的方案。很多事實證明，在很多時候，參與者在人際賽局的過程中，往往都是在不知不覺中作出最不理智的選擇，而這些選擇都是由於人們的為己之利所得出的結果，要麼是零和賽局，要麼是負和賽局。

如果賽局的結果是「零和」或「負和」，那麼，對方得益就意味著自己受損或雙方都受損，因此，為了生存，人與人之間必須學會與對方共贏，把人際關係變成是一場雙方得益的「正和賽局」。與對方共贏，是使人際關係向著更健康方向發展的唯一做法。如何才能做到這一點呢？要借助合作的力量。

有這樣一個關於合作的例子。

有一個人跟著一個魔法師來到一間二層樓的屋子裡，在進第一層樓的時候，他發現一張長長的大桌子，並且桌子旁都坐著人，而桌子上擺滿了豐盛的佳餚，雖然，他們不停地試著讓自己的嘴巴能夠吃到食物，但每次都失敗了，沒有一個人能吃得到。因為大家的手臂都受到魔法師詛咒，全都變成直的，手肘不能彎曲，而桌上的美食，夾不到口中，所以個個愁眉苦臉。但是，他聽到樓上卻充滿了愉快的笑聲，他好奇地上了樓，想看個究竟。但結果讓他大吃一驚，同樣的也有一群人，手肘也是不能彎曲，但是，大家卻吃得興高采

烈，原來他們每個人的手臂雖然不能伸直，但是因為對面人的彼此協助，互相幫助夾菜餵食，結果每個人都吃得很盡興。

從上面賽局的結果來看，同樣是一群人，卻存在著天壤之別。在這場賽局中，他們都有如下的選擇：其一，雙方之間互相合作，獲得各自利益；其二，互相不合作，各顧各的，自己努力來獲得利益。我們可以看出，在這場賽局中，只有那些互相合作，相互幫助的人，才能夠真正達到雙贏，走向正和賽局。而對於人際交往來說，要想取得良好的效果，就應該主動伸出友誼的手，和其他人互相扶持，共同成長。

第七章

職場篇 —— 生存要有競爭，也要雙贏

避免職業選擇中的「雙輸現象」

逆向選擇在應徵場合也是經常發生的現象，所以才會有那麼多的人找不到合適的工作，企業又感嘆招不到合適的人才，造成了一種讓人遺憾的「雙輸現象」，即應徵方和應聘方都沒能達成所願。我們看到求才博覽會裡人頭攢動，人聲鼎沸；我們又看到企業求賢若渴，迫不及待。兩相對比的反差，正是應徵中逆向選擇的規律在發揮作用。很多企業總是發愁，一個個求職者的履歷五花八門，好不容易篩選出一份履歷來，面試過關了，一工作，卻沒有實際能力，給企業造成了浪費和損失。尤其是高層次人才，講起話來滔滔不絕，使聽者覺得他見多識廣，經驗也好像非常豐富，可是一工作，就總是漏洞百出。

A 集團公司的業務蒸蒸日上，但是最近老闆卻陷入煩惱中。公司準備投資一項新的業務，已經透過論證準備開始了，但是幾位高層在事業部總經理的人選上產生了很大的分歧。一派認為應該選擇公司內部的得力幹將小王，而另一派主張選用從外部應徵熟悉該業務的小李，大家各執己見，誰也不能說服對方，最後還是需要老闆來拍板。那麼，究竟哪一種選擇更好呢？

就經驗而言，外聘的小李顯然經驗要豐富得多，小李到此工作屬於空降，而本公司的小王更具有本土優勢，對業務也十分熟悉；但人事這一塊，應該還是外聘較好吧，因為老闆覺得自己公司活力不足，應該填充些新鮮血液。最終老闆拍板，決定用外聘的小李。小李開始正式走馬上任。小李的優勢很明顯，美國著名大學的 MBA，完全的洋式經營理念。而小王不過專科畢業，是從底層一步步熬上來的。老闆對小李寄予厚望，小李也很努力，開始認真地對公司的人力資源進行診斷，並煞有介事地挑出了一堆毛病。老闆一看，心裡開始擔憂，這些毛病要整改完成，自己公司將會垮掉。時間一久，小李只知道挑毛病，卻沒有對公司進行任何實際幫助，弄得公司人人自危，怨聲載道。老闆一看，這樣不行，於是迫不得已又把小李辭退了，而此時的小王卻因為沒有得到老闆的重視，已經跳槽去別的單位了。A 集團公司花費了大量的時間、精力和金錢，最終不但沒有給公司帶來效益，反而使公司發生了危機。

A 集團公司所碰到的就是典型的逆向選擇。正是因為彼此的資訊是不對稱的，老闆不知道小李的實際操作能力，只看到了小李的海外鍍金背景，結果弄得自己很狼狽。要解決這種應徵中的逆向選擇問題，其實老闆應該給小王和小李每人一段試用期，試用期內的薪資就算是了解資訊的成本。如果這個成本也不願花，那就應該選擇小王，因為小王畢竟是本公司的，老闆可能更加熟悉，對小王的資訊掌握得更加充分。小王雖然可能達不到老闆的預期，但至少也不會帶來什麼損失。但外聘的人，老闆知道的資訊就比較少了，需要花費成本來了解。所以為了避免逆向選擇，資訊是必要的判斷依據。

辦公室中的「智豬賽局」

「智豬賽局」這一經典案例早已擴展到生活中的各個方面。在職場辦公室裡的人際衝突中，會出現這樣的場景：有人做「小豬」，舒舒服服地躲起來偷懶；有人做「大豬」，疲於奔命，吃力不討好。但不管怎麼樣，「小豬」篤定一件事：大家是一個團隊，就是有責罰，也是落在團隊身上，所以總會有「大豬」悲壯地跳出來完成任務。

作為經理助理的李德維可以說是所謂智豬賽局中的「大豬」。一上班，他就像陀螺一樣轉個不停；經理則躲在自己的辦公室裡打電話，美其名日「聯絡客戶」；而手下劉遠明（年長於他，又是經理的「老兵」），經常玩網路遊戲，順便上網跟老婆談情說愛，好不逍遙。到了年終，由於部門業績出色，上級獎勵了 40 萬元，經理獨得 20 萬元，李維和劉明各得 10 萬元。想想自己辛勞整年，卻和不勞而獲的人所得一樣，李維禁不住滿心不平，但是自己又能怎麼做呢？如果他也不做事了，不僅連這 10 萬元也得不到，說不定還會失業，想來想去，還是繼續當「大豬」吧！

張顯揚卻是職場中典型的「小豬」角色。他在一家國營事業工作，是個「聰明」人。自出社會工作開始，他就這樣認為：「如果工作做得好，受表揚少不了我；但是工作搞砸了，對不起，跟我一點關係也沒有。」現在工作三年了，他照樣奉行著這樣的處世哲學。但平時他很注意感情投資，跟同事搞好關係，以致單位好些人都當他為「哥們」。他經常對人說：「我就納悶，怎麼會有那麼多人下了班嚷嚷著自己累？要是又累又沒有加薪、升遷，那只能說明自己笨！我從小職員當上經理，一直輕輕鬆鬆的，反正硬骨頭自有人啃。」

看到上面兩個人的不同命運，你是願意做「大豬」還是願意做「小豬」？看來看去，做「大豬」固然辛苦，但「小豬」也並不輕鬆啊！雖然工作可以偷懶，但私下，要花費更多的精力去編織、維護關係網，否則在公司的地位便會岌岌可危。李德維為什麼忍氣吞聲？不就是因為劉遠明是經理的老部下嘛。張揚又為什麼有恃無恐？無非是有人為他撐腰。難怪說做「小豬」的都是聰明人，不聰明怎麼能左右逢源？

的確，「大豬」加班，「小豬」拿加班費，這種情況在企業裡比比皆是。因為我們什麼都缺，就是不缺人，所以每次不論多大的事情，加班的人總是越多越好。本來一個人就可以做完的事，總是會安排兩個甚至更多的人做。「三個

和尚」的現象這時就出現了。如果大家都耗在那裡，誰也不動，結果是工作完不成，挨老闆罵。這些常年在一起工作的戰友們，對對方的行事規則都瞭如指掌。「大豬」知道「小豬」一直是過著不勞而獲的生活，而「小豬」也知道「大豬」總是礙於面子或責任心使然，不會坐而待之。因此，其結果就是總會有一些「大豬」們過意不去，主動去完成任務。而「小豬」們則在一邊逍遙自在，反正任務完成後，獎金一樣拿。

但話說回來，這種聰明未必值得提倡。工作說到底還是憑本事、靠實力的，靠人緣、關係也許能風光一時，但也是脆弱的、經不住推敲的風光。「小豬」什麼力都不出反而被提升了，看似混得很好，其實心裡也會發虛：萬一哪天露了餡……如果從事的不是團隊合作性質的工作，而是側重獨立工作的職業，那又該怎麼辦？還能心安理得地當「小豬」嗎？

在職場中，「大豬」付出了很多，卻沒有得到應有回報；做小豬雖然可以投機取巧，但這並不是一種長遠的計策。因此，身在競爭激烈的職場中，一個最理想的做法就是，既要做「大豬」，也要會做「小豬」。

職場中的多人賽局原則

人的一生當中，除去家人外，同事間相處的頻率是最高的。所以，怎樣改善同事間的交際環境，怎樣促進交際融洽、和諧，便成為我們不得不學的東西了。

自古以來，就有「禍從口出」的說法，同事之間，如果彼此信得過、合得來，就可以多談一些，談深一些，但也不能信口雌黃。如果是關係較疏遠的同事，在交談中你就要謹慎一些。因為同事間，確實存在著一些讒言、流言、毀言、誣言，一旦你口無遮攔的什麼都說，就有可能被人利用而深受其害。所以，最好是「逢人只講三分話，不可全拋一片心」。一定要記住，不要在人前隨意議論他人的長短以及兜售自己的某些隱私或亮出自己的某些底線。這樣，就不會因口無遮攔而吃虧上當。在職場中多人賽局時務必要小心，因為隨時會有不可預知的情況發生。但在職場多人賽局裡，資訊是至上的優勢，可是大多時候資訊是不對稱的。我們一方面先要伺機挖掘資訊，另一方面要做到對上司的忠誠，通俗的說就是既要做事有主見，還要忠誠。

■ 做事有主見原則

在職場賽局裡，你只做到忠誠還不夠，還要堅持自己的原則，做事有主見。因為職場裡各種消息滿天飛，一不小心，你就可能被假消息迷惑，從而失去自己在職場中的機會，所以一定要堅持做事有主見。

IBM 公司最喜歡的員工就是具有「野鴨精神」的員工。他們堅持自我，不迷信上司，有膽量提出尖銳而有設想的問題。IBM 前總經理沃森信奉丹麥哲學家歌爾科加德的一段名言：野鴨或許能被人馴服，但是一旦馴服，野鴨就失去了牠的野性，再也無法海闊天空地去自由飛翔了。沃森說：「對於重用那些我並不喜歡卻有真才實學的人，我從不猶豫。然而重用那些圍在你身邊盡說恭維話，喜歡與你一起去假日垂釣的人，是一種莫大的錯誤。與此相比，我尋找的是那些個性強烈、不拘小節以及直言不諱，甚至似乎令人不快的人。如果你能在你的周圍發掘許多這樣的人，並能耐心聽取他們的意見，那你的工作就會處處順利。」IBM 公司認為，這種毫不畏懼的人才會作出大的成績，是企業真正需要的人才。堅持自我是指維護自己的觀點和立場。

■ 忠誠原則

你可以能力有限，你可以處事不夠圓滑，你可以有些諸如丟三落四的小毛病，但你絕對不可以不忠誠。忠誠是上司對員工的第一要求。不要試圖搞小動作，你的上司能有今天的位置說明他絕非等閒之輩，你智商再高，手段再高明，在他的經驗閱歷面前也不過是小兒科。

最低級的背棄忠誠的遊戲，往往從貪小便宜開始。任何一家正規、資深的公司，再嚴密的制度，總會有漏洞。如果你是一個人品俱佳的人，切不可如此。趁人不備悄悄打個私人長途；或趁上司不注意時，悄悄塞上一張因私搭計程車的收據，讓其簽字報銷；上班時，明明遲到，卡上卻填著因公外出。更有甚者，當客戶來訪時，給你悄悄帶來一份禮物，以答謝你在業務往來中曾經給過他的幫助，而這一幫助，恰恰是以犧牲本公司的利益為代價的。細雨無聲，倘若讓這種「酸雨」淋了你的心，你就會慢慢地被腐蝕。老闆都厭惡貪小便宜的人，他們會認為這是品德問題，一旦他們對你有了這種印象就會失去對你的信任。

上司一般都把下屬當成自己的人，希望下屬忠誠地跟著他，擁戴他，聽他指揮。下屬不與自己一條心，是上司最反感的事。忠誠、講義氣、重感情，經常用行動表示你信賴他、敬重他，便可得到上司的喜愛。

你可以透過多種方式表達對老闆的忠誠，讓上司感到你是他可靠的員工，但這種表示不是要你去拍馬屁，而是讓你將自己的坦誠展現給上司看。

跳槽是把雙面刃

在職場中，每個人都知道「此處不留人，自有留人處」這個道理。跳槽已成為一件很平常的事，但它並非在任何時候都是一件有益的事。當情況不利時，跳槽就會變成一種風險。

既然有時跳槽會是一種風險，我們又如何判斷呢？我們可以運用賽局的原理，判斷其對自己是否有利。

假設員工甲在甲公司上班，如果他的薪酬是 x 元 / 月，由於種種原因甲有跳槽的意向。他在人才市場上投遞了若干份履歷後，乙公司表示願以 y 元 / 月的薪酬聘任甲從事與甲公司類似的工作（$y > x$）。這時，甲公司面臨兩種

選擇：第一，默認甲的跳槽行為，以 p 元 / 月的薪酬聘任乙從事同樣的工作（$y > p$）；第二，拒絕甲的跳槽行為，將甲的薪酬提升到 q 元 / 月，當然薪資一定要大於或等於 y 元，員工甲才不會跳槽。

當員工甲有跳槽的想法時，單位甲和員工甲之間的資訊就不對稱了。很明顯，員工甲占有更充分的資訊，因為甲公司不知道乙公司願給甲支付多少薪酬。當員工甲提出辭呈時，甲公司會首先考慮到員工甲所處職務人力資源的可替代性，如果甲人力資源不具有可替代性，那麼甲公司就會以提高薪酬的方式留住甲，員工甲與甲公司經過討價還價後，甲

公司會將員工甲的薪酬提升到大於或等於 y 元 / 月的水平。如果甲人力資源具有可替代性，那麼甲公司就會默認甲的跳槽行為。

其實，每個企業都會針對員工的跳槽申請作出兩種選擇：默許或挽留。相對來說，員工也會作出兩種選擇：跳槽或留任。實際上，在對待跳槽問題上，企業和員工都會基於自身的利益討價還價，最後作出對自己有利的選擇。實質上這一過程是企業和員工的賽局過程，無論員工最後是否跳槽都是這一賽局的納許均衡。

以上只是基於資訊經濟學角度而進行的理論分析。實際上，當存在應徵成本時，即便人力資源具有可替代性，企業也會在事前或事後採用非加薪的手段阻止員工跳槽。例如，事前手段：企業與員工簽署就業合約時，約定一定的工作時限和違約金額。事後手段：①禁業條款。②扣押員工獎金。

另外，對於員工來說，跳槽也存在擇業成本和風險。新單位是否有發展前景，到新企業後有沒有足夠的發展空間，新企業增長的薪酬部分是否能彌補原來的同事情緣，在跳槽過程中，員工必須考慮到這些因素。這只是員工一次跳槽的賽局，從一生來看，一個人要換多家企業，尤其是年輕人跳槽更為頻繁。將一個員工一生中多次分散的跳槽賽局組合在一起，就構成了多階段持續的跳槽賽局。

正所謂行動可以傳遞資訊。實際上，員工每跳一次槽就會給下一個僱主提供自己正面或負面的資訊。比如：跳槽過於頻繁的員工會讓人覺得不夠忠誠；以往職位一路看漲的員工會給人有發展潛力的感覺；長期徘徊於小企業的員工會讓人覺得缺乏魄力。員工以往跳槽行為給新僱主提供的資訊對員工自身的影響，最終將透過企業對其人力資源價值的估價表現出來。但相對於正面的資訊來說，新企業會在原基礎上給員工支付更高的薪酬。

從短期看，通常員工跳槽都以新企業承認其更高的人力資源價值為理由；如果從長期看，員工跳槽的前一階段時間會影響到未來僱主對其人力資源價值的評估。這種影響既可能對員工有利，也可能對員工不利。換句話說，員工在選擇跳槽時，也等於在為自己的短期利益與長期利益作選擇。

在職場中，如果一個人心已不在就職企業，那麼他或多或少會在工作中表現出來。但你不要總以為自己才是最聰明的，也不要總想著跳槽。需要時刻記住的是：無論如何取捨，不會有人為你的失誤埋單。跳槽也存在著風險，要經過充分的考慮。

績效考核中的賽局

績效考核作為人力資源工作的一項重要組成部分，歷來受到人力資源工作者的重視。在企業方面，大多數只提倡「用人主管應提高管理素養，保證公正、客觀的考核」，但由於缺乏應有的制度加以規範，收效並不十分理想。如果從「囚徒困境」賽局的有關理論出發，此問題可以得到較大程度緩解。績效考核，實際上是對員工考核時期內工作內容及績效的衡量與測度。賽局方為參與考核的決策方；賽局對象為員工的工作績效；賽局方收益為考核結果的實施效果，如薪酬調整、培訓調整等。

我們假設績效考核結果為考核決策方帶來的影響可以用效用來衡量，而且績效考核決策方的合作與不合作態度可以衡量。

員工的合作決策指員工願意根據自己的實際工作績效作出客觀的評估的決策。相反，員工的不合作決策指員工故意降低或提高實際工作績效的決策。在實際工作中，員工的不合作決策大多表現為有意識地掩蓋自己的錯誤或者有意擴大自己的工作成績與工作能力。

類似地，主管的合作決策指主管能夠根據員工的實際工作績效作出客觀的評估；主管的不合作決策指主管對考核漠不關心，隨意作出考核結果，有意掩蓋或排擠某位員工。由於主管與員工的長期相處，則更多表現為對員工採取寬容決策。

因此，員工的不合作僅指員工故意掩蓋錯誤或擴大工作績效；主管的不合作決策僅指故意採取寬容下屬的「天花板效應」。

下面我們將分析員工與主管可能採取的決策及相關決策收益：

- 當員工採取合作決策，同時主管也採取合作決策，則人力資源部可以得到較為公正客觀的數據，從而較精確地得到考核結果，因此可以作出較為適當的處理結果，即與員工的工作績效能有效結合。可以記為 5 個單位效用。
- 員工採取合作決策，而主管採取不合作決策。人力資源部得到的數據則過多傾向於以員工提供的資料為主，即員工意見所占比重有較大程度的提高，從而使考核結果有利於員工，即可以記為 10 個效用單位。同時，人力資源部得出主管未能有效配合人力資源部的工作，即未完成他的一部分職責。因此在影響到主管工作績效評估的同時影響到主管的晉升並為其加薪增加困難。可以記為－ 2 個效用單位。
- 與上類似，員工採取不合作決策，而主管採取合作決策。則處理結果中，主管所占的比重有較大程度的提高。作為進一步的調整，人力資源部認為員工缺乏應有的敬業精神，從而影響到員工的長期發展機會。主管則能夠對自己的本職工作負責，能夠完全勝任本職工作，從而為他的進一步發展提供良好的基礎。可以計為 10 個效用單位。

- 員工與主管均採取不合作決策，由於人力資源部缺乏必要的資料處理來源，從而對員工的績效缺乏公正評價。由於必須做出決策，企業更多傾向於折衷策略，在短期內將會有利於員工與主管的決策。主管與員工的決策收益可以計為 7 個效用。

因此，如果用決策收益矩陣圖可表示為：由於員工與主管都希望自己的決策收益最大化，因此雙方最終選擇合作決策。這將有利於員工、主管及公司的發展。

從長期角度分析，只能是雙方中有一方離職後賽局才結束，因此理論上考核為有限次重複賽局。但實際工作中，由於考核次數較多，員工平均從業時間較長，加之離職的不可完全預知性，因此可將考核近似看做無限次重複賽局。

隨著考核賽局的不斷重複及在一起工作時間的加長，主管與員工雙方都有一定程度的了解。在實際工作中，由於主管的意見在考核結果中通常占有較高的比重，所以主管個人傾嚮往往對考核結果有較大的影響力。而且考核為無限次重複賽局，因此員工為了追求效用最大化有可能根據主管的個性傾向調整自己的對策。因此，從長期角度分析，人力資源部要作出相應判斷與調整，如採用強制分布法、個人傾向測試等加以修正的。

企業要有好的機制

在兵法上有一句話說得好：「用賞貴信，用刑貴正」。這裡的「用賞貴信」也就是激勵機制，「用刑貴正」也就是懲罰機制，但現在大多數企業對員工的管理激勵與約束機制還沒有建立起來。如在一些企業中，不僅缺乏有效的培養人才、利用人才、吸引人才的機制，還缺乏合理的勞動用工制度、薪資制度、福利制度和對員工有效的管理激勵與約束機制。

當企業發展順利時，首先考慮的是資金投入、技術引進；當企業發展不順利時，首先考慮的則是裁員和員工離職，而不是想著如何開發市場以及激勵員工去創新產品、改進品質與服務。那麼企業如何制定一個員工激勵制度，從而有效地激發員工工作的熱情呢？其實這就是一個賽局的運用。

比如說，有一家遊戲軟體企業的總經理，打算開發一種叫做《仙劍奇緣》的新網路遊戲。如果開發成功，根據市場部的預測至少可以有兩億元的銷售收入。如果開發失敗，那就是血本無歸。而公司的新網路遊戲是否會成功，關鍵在於技術研發部員工是否全力以赴、殫精竭慮來做這項開發工作。如果研發部員工完全投入工作，這款遊戲研究成功有80%的可能，從而達到市場部所預測的程度；如果研發部員工只是敷衍了事，那麼遊戲成功的可能性只有 60%。

如果研發部全體員工在這個專案上所獲得的報酬只有五千萬元，那麼這些員工對於開發這款遊戲的熱情不夠，他們就會得過且過、敷衍了事。要想讓這些員工得到高品質的工作表現，老闆就必須給所有員工七千萬元的酬金。

如果老闆僅付五千萬元總酬金，那麼市場銷售的期望值有兩億元（200000×60%），再減去五千萬元的固定酬金，老闆的期望利潤有七千萬元。如果老闆肯出七千萬元的總酬金，則市場銷售的期望值有三億元（30000×80%），再減去總酬金七千萬元，老闆最終的期望利潤有一億七千萬元。

然而困難在於，老闆很難從表面了解到研發部的員工在進行工作時到底有沒有兢兢業業地完成任務。即使給了全體員工 700 萬元的高額酬金，研發部員工也未必就盡心盡力地完成這款遊戲。由此看來，一個良好的獎罰激勵機制對於企業極其重要。

公司最好的方式就是：若遊戲市場形勢良好，員工報酬提高；若是市場形勢不佳，則員工報酬縮減。「祿重則義士輕死」，如果市場部目標達到，則付給全體研發人員

900 萬元，若是失敗，則讓全體研發員工付給企業 100 萬元的罰金。在這種情況下，員工酬金的期望值是 700 萬元（900×80%－100×20%），其中 900 萬元是成功的酬金，成功的機率為 80%，100 萬元則是不成功的罰金，不成功的機率為 20%。在理論上，採用這樣的激勵方法會大大提高員工工作的努力程度。

從某種意義上來說，這種激勵方法相當於贈送一半的股份給企業研發部員工，同時員工也承擔遊戲軟體市場失敗的風險。然而這種方法在實際中並不可行，因為不可能有任何一家企業能夠透過罰金的方式來讓員工承擔市場失敗的風險。可行的方法就是，盡量讓企業獎懲制度接近於這種理想狀態。更加有效的方法，就是在本質上類同於獎勵罰金制度的員工持股計劃。我們可以將股份中的一半贈送給或者銷售給研發部的全體員工，結果仍然和罰金制度是相同的。

總而言之，一個良好的獎懲制度首先要選擇好對象，其次要在員工相對表現基礎之上的回報，簡單地說，就是實際的業績越好，獎勵越高。一個合適的、獎罰分明的制度才能夠對員工創造出合適的激勵。因此說，一個好領導者應建立好一個激勵與約束員工的制度。

分槽餵馬的用人方略

據說戰國時期，北方有兩種馬特別有名：一種是蒙古馬，牠力大無窮，能負重千餘斤；另一種是大宛馬，牠馳騁如飛，能一日千里。

當時，邯鄲有個商人家中正好養了一匹蒙古馬和一匹大宛馬。兩匹馬有著不同的分工：蒙古馬用來運輸貨物，大宛馬用來傳遞資訊。但兩匹馬卻圈在一個馬廄裡，在一個槽裡吃料，牠們經常為爭奪草料而相互踢咬，每每兩敗俱傷，這令商人煩惱不已。

恰巧伯樂來到邯鄲，商人於是請他來幫助解決這個頭痛的問題。

伯樂來到馬廄看了看，微微一笑，說了兩個字：分槽。

商人依照伯樂的建議做了。從此，難題解決了，商人的生意也越來越好。

你又可曾聽說過佛祖分工的故事。

相傳很久以前，彌勒佛和韋陀並不在同一個廟裡，而是分管不同的廟。

彌勒佛熱情快樂，所以來的人非常多，但他丟三落四，不能好好地管理帳務，每每入不敷出。而韋陀則很會管帳，但他太過嚴肅，成天陰著臉，致使參拜的人越來越少，最後香火斷絕。

佛祖在查看香火時發現了這個問題，於是就將他們倆放在同一個廟裡，讓彌勒佛負責公關，笑迎八方客，讓韋陀負責財務，嚴格把關。在兩人的分工合作下，廟裡香火旺盛，呈現出一派欣欣向榮的景象。

伯樂分槽餵馬和佛祖合廟分工說的都是一個問題，就是如何把最合適的人放到最合適的崗位上去。而這是一個曾經長期困擾企業的難題，特別在同時有兩個候選人的情況下。

法國著名企業家皮爾·卡登曾經說：「用人上一加一不等於二，搞不好等於零。」能者要想才盡其用，不但要分而並之，還必須善用之。因為不同的賢能，各有其能，有的適合彼工作，有的適合此工作，把各種能力放在適合它們的土壤裡才能生存成長。養可分，用必合，方能各自協調，發揮合力。

如果在用人中組合失當，常失整體優勢；只有安排得宜，才成最佳配置。在成功地用「分槽餵馬」的策略，不僅可以化解了這個難題，而且將企業的發展推向一個新的高度。

但是在實行「分槽餵馬」的過程中，還有一個如何進行搭配，使每個人才相得益彰而不是相互妨礙的問題。這就需要管理者對你的「千里馬」有深刻的洞察力，最好使他們彼此所負責的事務具有互補性。

老闆與經理的良性互動

在企業領域，老闆自然希望少出錢，少操心，多多拿利潤，而職業經理人則希望多拿年薪少做事。老闆與經理人之間是一個賽局關係，那麼兩者如何賽局？

如何建立一個良好的老闆與經理人合作機制對於企業來講是必要的。

在一般情況下，在研究老闆與經理人合作機制時，理論上比較偏重於關注如何保護老闆的利益，但如果從現實來看，就存在著經理人利益得不到保證的情況。對於一個市場經濟發展不完全成熟的國家來說，相對於老闆，經理人是弱勢群體。由於這個群體還沒有形成統一的社會機制，所以其集團利益是無法得到保證的。

由於市場機制是一種均衡機制，所以只有雙方的利益達到均衡點，才能實現交易。因此，在一個經理人處於弱勢的市場環境中，合作機制的取嚮應當偏重於經理人。

從以上的結論可以看出，老闆與經理人賽局問題的核心，實際上是一種經濟利益的規範，即老闆與經理人的權責分擔和利益分配的規範。

在老闆與經理人的利益分配規範下，主要面臨三個問題。

合約的規則問題是面臨的第一個核心問題。由於交易容易產生糾紛，所以交易的雙方要事先簽訂合約。合約是交易的法

律基礎。合約是對將來可能發生的事情的規定，它無法防止意外。因此在老闆與經理人的交易中既要有合約，又不能完全依賴合約。交易的雙方要有合作精神。但是在現實中，由於合約的不完善與合作精神的缺乏，經理人往往會吃虧。

例如，一個大型企業的老闆，他和總經理之間有了相互猜忌，對總經理產生了不信任感。而合約中規定的是將總經理的業績與收益掛鉤，於是老闆採取明升暗降的辦法想使總經理達不到業績而無法拿到報酬。總經理一怒之下憤然辭職並帶走了企業的關鍵員工。又如，另一個企業登廣告以年薪 100 萬元聘請一個經理，但是試用期一滿，就立即辭退了他。由此得出，經理人在簽訂合約時，不僅要規定合約的結果，還要規定執行的過程。只有透過合約建立一個公平、合理的機制，最終才會達到所要求的目的。

企業核心資源的壟斷性與替代性是第二個核心問題。企業發展的關鍵是企業的核心資源，誰掌握了它，誰就抓住了企業發展的命脈。經理人的普遍想法是努力做大自己的一塊，使自己所掌握的部門成為企業的核心資源。這樣就具有與老闆談判的能力，從而獲得企業決策權。所以行銷經理成為總經理以後，往往會加大對行銷部門的投入，而研發部門的經理上臺後，也會加強對研發部門的投入。老闆要想消除經理人對企業核心資源的壟斷，就必須尋找一個替代品。比如說在每個關鍵部門安插幾個副手，以便降低經理人討價還價的能力。

短期與長期的問題是第三個核心問題。對於一個注重長期行為的企業來說，股權的激勵是不重要的，更重要的是以人際關係為代表的非正式制度規則對個人所帶來的意義。例如，日本的企業一般是不流動的，經理人不會輕易退出，因為成本是很高的。一個經理離職後，不可能很快就去另一個公司做經理。而且經理與工人之間的薪資差距是很低的。之所以有這種情況出現，是因為日本人有高額的退休金，這樣，職工的短期行為就不容易發生。因為長期行為的收益是很大的，足以制約短期行為。而與此相反的是，在一個注重短期行為的企業中，更重視正式的契約，而較少注重非正式的規則。所以美國企業中，經理人頻繁地跳槽不但不會降低他們的身價，反而會被視為具有豐富經驗的表現。

從以上兩種企業的對比來看，短期賽局的關鍵是合約，而長期賽局的關鍵是非合約的非正式制度規則。

企業與員工的共贏之道

現今，許多員工對企業的「人身依附」心理已經大大減弱。在聯想公司，許多員工喊出的「公司不是我的家」，其實已經深入人心，為上班族們所普遍接受。付出就要求回報，並不過分。而從公司的角度出發，付出薪酬的前提，是要求員工為公司作出相應的貢獻。在公司和員工既「相互依賴」、又「相互爭鬥」的賽局中，最直接的表現形式就是薪酬。

其實，薪酬是員工與企業之間賽局的對象，這一賽局的過程與「囚徒困境」很相似。由於員工和企業很難有真正的相互認同，雙方始終在考察對方而後決定自己的行為。員工考慮：拿這樣的薪酬，是否值得付出額外的努力？企業又不是自己的，老闆會了解、認同自己的努力嗎？公司會用回報來承認自己的努力付出嗎？公司方面考慮：員工的能力，是否能勝任現在的工作？給員工的薪酬待遇，是否物有所值？員工是否對公司保持持續的忠誠？

有一個這樣的管理故事：一個企業經營者某次跟朋友閒聊時抱怨說：「我的祕書小鐘來 2 個月了，什麼事都不做，還整天跟我抱怨薪資太低，吵著要走，煩死人了。我得給她點顏色瞧瞧。」朋友說：「那就如她所願 —— 炒了她！」企業經營者說：「好，那我明天就讓她走。」「不！」朋友說，「那太便宜她了，應該明天就給她漲薪資，翻倍，過 1 個月之後再炒了她。」企業經營者問：「既然要她走，為什麼還要多給她 1 個月的薪水，而且是雙倍的薪水？」朋友解釋說：「如果現在讓她走，她只不過是失去了一份普通的工作，她馬上可以在就業市場上再找一份同樣薪水的工作。1 個月之後讓她走，她丟掉的可是一份她這輩子也找不到的高薪工作。你不是想報復她嗎？那就先給她加薪吧。」

1 個月之後，該企業經營者開始欣賞小鐘的工作，因為她的工作態度和工作效果和 1 個月之前已是天壤之別。這個經營者並沒有像當初說的那樣炒掉她，而是重用了她。

從這個企業經營者角度看，他可以說是運用賽局的理論，透過增加薪酬使員工發揮出實力。如果當初他就把小鐘炒掉，這勢必給雙方都帶來一定的不利，而經過這樣的賽局，雙方實現了共贏。

但如果從公司的管理角度看，這個故事說明了一個現象：許多員工在工作中，經常不斷地衡量自己的得失，如果認為企業能夠提供滿足或超過他個人付出的收益，他才會安心、努力地工作，充分發揮個人的主觀能動性，把自己當做企業的主人。但是，很難判斷、衡量一個人是否有能力完成工作，是否能夠在得到高薪酬後，實現老闆期待的工作成績。老闆經常會面臨決策的風險。

由於員工和企業都無法完全地信任對方，因此就出現了「囚徒困境」一樣的賽局過程。企業只有制定一個合理、完善、相對科學的管理機制，使員工能夠獲取應得報酬，或讓員工相信他能夠獲得應得報酬，員工就能心甘情願地努力工作，從而實現企業和員工的雙贏結局。

這樣考核最公正

細心的人不難發現，在一個團隊中，有的人能力突出而且工作積極努力；相反，有的人工作消極不盡心盡力，或者因能力差即使盡力了也未能把工作效率提高，這在無形中便建立起了「智豬賽局」的模型：一方面大豬在為團隊的總體績效也包括自己的個體利益來回奔波拚命工作；另一方面小豬守株待兔、坐享其成。長此以往，大豬的積極性必定會慢慢減弱，逐漸被同化成「小豬」，屆時，團隊業務處於癱瘓狀態，受害的不僅是其單個團隊，而且會傷及整個公司的總體利益。

那麼，如何使用好績效考核這把鑰匙，恰當地避免考核誤區，既能做到按績效分配，又能做到獎罰分明？從「智豬賽局」中可以得到以下幾種改善方案。

方案一：減量。僅投原來的一半分量的食物，就會出現小豬、大豬都不去踩踏板的結果。因為小豬去踩，大豬將會把食物吃完；同樣，大豬去踩，小豬也將會把食物吃完。誰去踩踏板，就意味著替對方貢獻食物，所以誰也不會有踩踏板的動力。其效果就相當於對整個團隊不採取任何考核措施，因此，團隊成員也不會有工作的動力。

方案二：增量。投比原來多1倍的食物，就會出現小豬、大豬誰想吃，誰就會去踩踏板的結果。因為無論哪一方去踩，對方都不會把食物吃完。小豬和大豬相當於生活在物質相對豐富的高福利社會裡，所以競爭意識不會很強。就像在行銷團隊建設中，每個人無論工作努力與否都有很好的報酬，大家都沒有競爭意識了，而且這個規則的成本相當高，因此也不會有一個好效果。

方案三：移位。如果投食口移到踏板附近，那麼就會有小豬和大豬都拚命地搶著踩踏板的結果。等待者不得食，而多勞者多得。每次踩踏板的收穫剛好消費完。相對來說，這是一個最佳方案，成本不高，但能得到最大的收益。

當然，這種考核方法也存在缺陷，但沒有哪一種考核方法能真正讓人人都覺得公平。

績效考核，實際上是對員工考核時期內工作內容及績效的衡量與測度，即賽局方為參與考核的決策方；賽局對象為員工的工作績效；賽局方收益為考核結果的實施效果，如薪酬調整、培訓調整等。

由於考核方與被考核方都希望自己的決策收益最大化，因此雙方最終選擇合作決策。對於每個企業來說，這將有利於員工、主管及公司的發展。

總而言之，在公司內部應形成合理的工作及權力分工。一方面可以透過降低主管的績效考核壓力，使部門主管有更多精力投入到部門日常管理及專業發展；另一方面透過員工能對自己的工作績效考核擁有一定的權力，從而調動其工作積極性，協調勞資關係，如此才能最大限度地改進公司人力資源管理狀況及企業文化建設。

考核與被考核存在著一種賽局關係，無論對於哪一方來說，建立一個合理的、公平的考核制度都是非常重要的，尤其是分工制度，可以避免出現評估中的「智豬模型」，提高員工的工作熱情，把企業做大、做強。

激勵背後的信用賽局

口頭獎勵、紅包、溫情對待、表示尊重……無論多麼經典的激勵手段，結果都是第一次比較有用，再而衰，三而竭。為什麼呢？

這是因為，激勵背後的思維方式是「我要你做」，而不是員工「我自己要做」。所以，員工視你的激勵措施為他痛苦選擇的補償，認為你給的激勵是應該的，甚至還不能滿足他們的期望。

其實，好的企業與員工的關係應該是：員工在幫企業賺錢，同時是在做他們自己覺得利益回報划算的生意。

如果員工覺得激勵手段是個「驚喜」，他會很開心，然後就會認為下次應該有更多、更大的驚喜，否則就會失望。因為是交易行為而且是持續進行的交易行為，老闆不要指望員工會對你一次提出的交易條件可以滿意多次。單次交易，完成就行；持續交易，就要有持續交易的規則和條件。

我們要不要用人不疑，疑人不用？說起來這是個相當經典的命題，企業老闆和經理人之間經常爆發的矛盾當中，就是這句話在作怪。

疑和用的問題是關於信任和授權。無條件的、完全的信任，就要疑人不用，用人不疑。那麼，為什麼我們要如此信任別人呢？其實，這條企業管理規則產生於沒有電話、網路的時代，那時將軍帶兵出征，或者鎮守邊陲，要和皇上溝通一次，可能要十天半個月，皇上沒辦法對將軍進行實時指揮，所以，將在外，君命有所不受——因為皇上不了解現場的情況。

在資訊難以及時傳遞的情形下，用人沒辦法疑，疑人也絕對不能用，人際關係必須是基於個人信任的支配型。

現在呢？即便是地球兩端，也可以隨時透過網路面對面地通話，此種情況下，授權和信任還那麼困難嗎？

所以，「用人不疑、疑人不用」這句話，可以停止使用了。用人是為了讓他勞動，他為你工作也是為了自己的利益，只要有完善的激勵機制，員工自然不會背叛你。

如果你即將踏入職場，或者你已是一位職場人士，那麼你與應徵單位或老闆之間所進行的最為驚心動魄的討價還價賽局，一定是圍繞薪水進行的。一方要讓收入更適合自己的付出，而另一方則要讓支出更適合自己的盈利目標。

那麼，作為在這場討價還價中明顯處於弱勢的你，該如何讓應徵單位或現任老闆給出你滿意的薪水呢？

一家家具公司應徵一名市場企劃，前來應徵的人很多，在經過了面試之後，考官都要問求職者一句：「你希望的薪水是多少？」很多求職者都用不同的數據回答了面試者的這個問題。只有小王回答道：「我期望一個比較合理的薪水待遇，就學歷而言，我是大學畢業，高於您要求的大專學歷；就科系而言，我念的是市場行銷，與您的需求相當吻合；就成績而言，我在班級能排到前五名，專業知識很扎實；就能力而言，我在大學時是優秀學生幹部，組織能力和領導能力都還不錯。我如果加入貴公司，一定會給您帶來不錯的效益，而我個人也期望得到相應的回報。因此，我希望得到一個不低於該職位現有員工標準的待遇。不知道我的請求是否過分？」考官聽到此話，笑著說：「不過分，不過分，既然是人才，我們就應該適當提高待遇。你的要求我們可以滿足。」

從上例中，我們可以看出，在與應徵企業進行關於薪水的討價還價賽局時，最好慎重回答，因為這表明考官已經有意招你加盟，稍有不慎就可能前功盡棄。面對這個問題，小王不露聲色地把話題由薪水的多少轉到展示他的實力上——

展示自己的學歷、專業、能力等優勢，讓考官覺得值得為他付出比較高的薪水。這樣的回答很自然地迴避了敏感的問題，使自己從被動的位置轉移到主動的有利位置。最後，小王提出一個比較含蓄又比較合理的薪水要求，即不比現有員工低。小王一進公司就達到這個標準，自然已經是高於其他新人，這樣的待遇對於初入公司的求職者來說，已經很不錯了。

第八章

愛情篇 —— 不要空耗自己的愛

不登對的愛情

在愛情裡，男人總想找到屬於自己的白雪公主，那個女孩一定要漂亮，而且要深愛著他。同樣，女人也總想找到自己的白馬王子，那個男孩一定要英俊瀟灑，還要有紳士風度。可在現實的愛情裡，我們都在感慨，為什麼好男人總是少之又少？為什麼好女人卻總嫁不掉？為什麼第三者的條件往往不夠優秀，卻敢叫囂？為什麼一個好男人加一個好女人，卻不能等於百年好合？

這些看起來無從回答的愛情難題，在賽局論裡即可找到答案。愛情賽局論，就是研究日常生活中，男男女女如何找到能使自己幸福的另一半。一個好男人，身邊定然少不了追逐他的女人，但即便是位列一等的好男人，也會留下機會給那些優秀的女人。

在愛情中，男人總是很容易背叛，因為男人是靠事業的，女人是靠美貌的。打動維多利亞的正是貝克漢的輝煌事業，而貝克漢恰恰是看上了維多利亞的美貌。在愛情賽局裡，男人與女人的期望是不同的。根據不同的期望自然要選擇不同的策略。

在生活裡，往往有這樣的現象：一個女人，她很優秀，擁有所謂的三高（學歷高、職位高、收入高），或者 3D〔divine（非凡的），delicate（精緻的），delectable（令人愉快的）〕，在他人眼裡很完美。但就是在愛情上不如意：年齡不小了，還沒有出嫁，或者失敗過一次，就很難再重新開始。

只具有生物學本質（外表）優秀的男人很自卑，只具有社會學本質優秀的男士往往也對自己的生物學本質自卑，所以，往往很難碰到和自己期望相符的。很多人之所以保持單身就是覺得單身狀態效益最大，既可以享受不結婚的自由，又可以憑藉自己的優勢不斷地享受愛情的感覺。

總之，在每個人的愛情賽局中，一定要從自身實際出發，盡可能掌握對方更多的資訊。在此基礎上，才可能找到屬於自己的幸福。

愛在心中口要開

愛情裡的規則是先動一方占據主動優勢。不管女方貌若天仙，還是男方英俊瀟灑，身陷愛情賽局中的人，不要因此而自慚形穢。只要把握主動權，率先表達出自己的愛意，就很可能獲得對方的青睞。

有一個男孩非常喜歡一個女孩，但是他把感情藏在心裡，不敢說出口。後來另一個男孩先說了，結果女孩就和那個先表達愛意的男孩談戀愛了。不敢說出口的男孩後悔不已，因為他沒有遵循愛情裡的規則，要採取先動策略。

如果一個人看《新娘百分百》到三分之二時還沒有熱淚

盈眶，那他一定還沒有真正渴望過愛情。

安娜·史考特走進倫敦諾丁山的一家小書店，一杯柳橙汁使離婚後愛情生活一直空白的威廉·薩克意外地得到了安娜的吻，兩人相愛了。

然而威廉·薩克是一個羞澀的男人，或者說是一個不會主動的男人，所以只能安娜主動。第一次去他家裡，出門後又回來，在車站再次邂逅，她邀請他去自己家裡。之後為躲避記者跟蹤，她到他家裡過夜，也是她主動走到他的床邊。但後來因為前男友的介入，她和他有了誤會。最終，也是她主動上門要求重修舊好……

那個憨厚純良的男人，或許覺得這種幸福是不真實的，就那麼一次次缺乏著愛的勇氣，就那麼一次次躲避著愛情的大駕光臨。

所以，那些禁不住熱淚盈眶的觀眾，一定是理解了女主角心裡的溫柔和焦急：主動、我得主動，否則我的愛情就要不翼而飛了。

或許我們在生活裡也有這樣的經歷，「思君子兮未敢言」，「心念君兮君不知」，彷彿誰都能看出自己的心意，除了心愛的那個人。害羞的人只敢傻傻地在一旁觀望自己的愛情，像局外人一樣不敢介入。

在經濟學上有一個先動優勢，指在一個賽局行為中，先行動者往往比後行動者占有優勢，從而獲得更多的收益。也就是說，第一個到達海邊的人可以得到牡蠣，而第二個人得到的只是貝殼。或許我們可以把它理解為先下手為強。比如，第一個說「我愛你」的人，總是比之後的其他追求者更讓我們印象深刻，哪怕那時候只是和他在大學校園中牽了牽手、散了散步，到很老的時候，我們也不會忘記他（她）。

但是在愛情中，先動優勢往往會形成慣性。一個人你主動了第一次，以後就得永遠主動下去，他（她）愛的那個人彷彿已經習慣了什麼事情都由他（她）發起。這或許是個性使然，也或許是習慣使然。

共鳴和分享式的愛情才會有持久的生命力。當一個人在一場戀愛當中，發現對方只是一個道具，這個愛情故事基本上是他一個人在唱獨角戲，將是多麼遺憾的事情。

所以，在愛情裡，要耍一點小伎倆，先主動，占有了優勢後，不妨把腳步放慢，讓對方跟上來。兩個人步調一致了，愛情才能經營得好。《新娘百分百》的結局，威廉·薩克鼓起勇氣，直闖記者會，關鍵時刻向心上人表達了自己的心聲，贏得美人歸，這就是進步。

在愛情賽局中，先表白、採取主動是追求戀人最好的策略。

純粹的愛情，會讓人兩手空空

俗話說得好：「男怕入錯行，女怕嫁錯郎。」因此，女性朋友在擇偶時必須慎之又慎，那麼如何用賽局論來指導自己的擇夫行為呢？

西方的擇偶觀裡有著名的麥穗理論，這一理論來源於這樣一個故事。

偉大的思想家、哲學家柏拉圖問老師蘇格拉底什麼是愛情。老師就讓他先到麥田裡去摘一棵全麥田裡最大最金黃的麥穗來，只能摘一次，並且只可向前走，不能回頭。

柏拉圖於是按照老師說的去做了，結果他兩手空空地走出了麥田。老師問他為什麼沒摘，他說：「因為只能摘一次，又不能走回頭路，其間即使見到最大最金黃的，因為不知前面是否有更好的，所以沒有摘。走到前面時，又發覺總不及之前見到的好，原來最大最金黃的麥穗早已錯過了，於是我什麼也沒摘。」

老師說：「這就是愛情。」

之後又有一天，柏拉圖問他的老師什麼是婚姻。他的老師就叫他先到樹林裡，砍下一棵全樹林裡最大最茂盛的樹，其間同樣只能砍一次，以及同樣只可以向前走，不能回頭。

柏拉圖於是照著老師說的話做。這次，他帶了一棵普普通通，不是很茂盛，亦不算太差的樹回來。老師問他：「怎麼帶這棵普普通通的樹回來？」他說：「有了上一次的經驗，當我走了大半路程還兩手空空時，看到這棵樹也不太差，便砍下來，免得最後又什麼也帶不回來了。」

老師說：「這就是婚姻。」

可見，完美的愛情和婚姻是很難得到的，大多數人只是湊合狀態。真正合適的機率是很小的。

不妨假設有20個合適的單身男子都有意追求某個女孩，這個女孩的任務就是從他們當中挑選最好的一位作為結婚對象，決定跟誰結婚。從這20個裡面選出最好的一個並非易事，該怎麼做才能爭取到這個結果呢？

首先，要考慮的是約會時對對方真實性格、人品的判斷。在約會時，男女雙方一開始都是展示自己的優點，掩蓋自己的不足。當然，他們都想了解對方的一切，不管是優點還是缺點。

同時，應當意識到，約會對象同樣會對我們的行為挑剔一番。因此，我們得採取能真正代表我們具有高素養的行為，而不是誰都學得來的那些行為。

其次，要考慮的是選擇什麼樣的方法來篩選出比較合適的異性。很明顯，最好的方法是和這20個人都接觸一遍，了解每個人的情況，經過篩選，找出那個最適合的人。然而在現實生活中，一個人的精力是有限的，不可能花大把的時間去和每個人都交往。不妨假定更加嚴格的條件：每個人只能約會一次，而且只能一次性選擇放棄或接受，一旦選中結婚對象，就沒有機會再約會別人。那麼最好的選擇方法存不存在呢？事實上是存在的。

不如我們來模擬一下。顯然，我們不應該選擇第一個遇到的人，因為他是最適合者的機率只有1/20。這個機率可以說是非常的渺茫，直接把籌碼放在第一個人身上，也是最糟的賭注。同樣的，後面的人情況都相同，每個人都只有1/20的機率可能是20個人當中的最適合者。

可以將所有的追求者分成組（比如分成5組，每組4人）。首先從第一組開始選擇，與第一組中每一個男性都約會，但並不選擇第一組中的男性，即使他再優秀、再完美都要選擇放棄，因為最合適的對象在第一組中存在的機率不過1/5。

如果以後遇到比這組人更好的對象，就嫁給這個人。當然這種方法像麥穗理論一樣，並不能保證選出的是最大最金黃的麥穗，但卻能選出比較大比較金黃的麥穗。無論是選擇愛情、事業、婚姻、朋友，最優結果只可能在理論上存在。不把追求最佳人選作為最大目標，而是設法避免挑到最差的人選。這種規避風險的觀念，對我們做人生選擇非常有用。

付出不一定會有回報

在愛情裡，我們經常會看到「恐龍」配帥哥，「青蛙」配美女的情況。這是由於逆向選擇造成的，是由於資訊的不對稱造成的。但到底是什麼造成了資訊不對稱呢？這就是在愛情中處於劣勢的一方選擇了優勢策略，從而使自己獲得了佳人或帥哥的芳心。

歐·亨利的小說《聖誕禮物》描述了這樣一個愛情故事。

新婚不久的妻子和丈夫很是窮困潦倒。除了妻子那一頭美麗的金色長髮，丈夫那一只祖傳的金懷錶，便再也沒有什麼東西可以讓他們引以為傲了。雖然生活很累很苦，他們卻彼此相愛至深，關心對方勝過關心自己。為了對方的利益，他們願意奉獻和犧牲自己的一切。

聖誕節就快到了，但兩個人都沒有錢贈送對方禮物。即使這樣，兩個人還是決定贈送對方禮物。丈夫賣掉了心愛的懷錶，買了一套漂亮的髮夾去配妻子那一頭金色長髮。妻子剪掉心愛的長髮拿去賣錢，為丈夫的懷錶買了錶鏈和錶帶。

最後到了交換禮物的時刻，他們無可奈何地發現，自己如此珍視的東西，對方已作為禮物的代價而出賣了。花了慘痛代價換回的東西，竟成了無用之物。出於無私愛心的利他主義行為，結果卻使得雙方的利益同時受損。

歐·亨利在小說中寫道：「聰明的人，送禮自然也很聰明。大約都是用自己有餘的事物，來交換送禮的好處。然而，我講的這個平平淡淡的故事裡，主角卻是笨到極點，為了彼此，白白犧牲了他們最珍貴的財富。」

從這段文字看，歐·亨利似乎並不認為這小倆口是理性的。如果我們拋開愛情，假定每個人都有一個專門為別人謀幸福的偏好，這樣，個人選擇付出還是不付出，只看對方能不能得益，與自己是否受損無關。

以這樣的偏好來衡量，最好的結果自然是自己付出而對方不付出，對方收益增大；次好的結果是大家都不付出，對方不得益也不犧牲；再次的結果是大家都付出，都犧牲；最壞的結果是別人付出而自己不付出，靠犧牲別人來使自己得益。我們不妨用數字來代表個人對這四種結果的評價：第一種結果給 3 分，第二種結果給 2 分，第三種結果給 1 分，最後那種給 0 分。

不難看出，無論對方選擇付出，還是選擇不付出，自己的最佳選擇都是付出，然而這並不是對大家都有利的選擇。事實上，大家都選擇不付出，明顯優於大家都選擇付出的境況。

實際上，這裡的例子有一個占優策略均衡。通俗地說，在占優策略均衡中，不論所有其他參與人選擇什麼策略，一個參與人的占優策略就是他的最優策略。顯然，這一策略一定是所有其他參與人選擇某一特定策略時該參與人的占優策略。

因此，占優策略均衡一定是納許均衡。在這個例子中，不剪掉金髮對於妻子來說是一個優勢策略，也就是說妻子不付出，丈夫不管選擇什麼策略，妻子所得的結果都好於丈夫。同理，丈夫不賣掉懷錶對於丈夫來說也是一個優勢策略。

在賽局中，一方採用優勢策略在對方採取任何策略時，總能夠顯示出優勢。

婚姻是不可預期的

愛情和婚姻並不是一回事。愛情往往意味著甜蜜。結婚意味著必須和他或她走完漫漫的人生旅途。在選擇之前，我們每個人都對婚姻充滿著無限的渴望，選擇後也許如我們所願，也許就此跌入了萬丈深淵。人生路漫漫，不可預期的事情太多，而且就人而言，結婚前和結婚後往往也是不一樣的。

很早他就認識她，那時，也不能說沒有愛情。

他是公司的小職員，她是全公司男性矚目的焦點。那時，喜歡她的男人很多，每天都有人送餐給她，看著她吃。他不是她的護花使者，不是不想，而是有些自卑。他清貧，也沒什麼背景。於是，吃中午飯時，他總躲在一個角落裡偷偷看她。其實，她在心裡早就喜歡他，只是他不知道。他雖是小職員，卻很有才華，每逢公司活動，都是由他負責。他們有過短暫的合作。在尾牙晚會彩排上，她演他的劇本，他說臺詞。後來，他們就在一起了。結婚，生孩子，像大多數戀愛的男女一樣，有了一個好結果。

故事卻沒有完。

他們第二個孩子降生時，他對她說，他想去拍電影。

她知道，這些年來，他一直沒有斷了去拍戲的念頭。

考慮再三，她還是冒著風險支持他。

辭掉工作，拿走家裡全部的積蓄，甚至借了些錢，他跑到電影公司，開始另一番創業。先是兩年的理論學習，後來開始在劇組裡打雜。那些日子，不用說，家裡很困難。她一個人撐下來，漸漸地，臉色黃下來，秀美的臉被愁容掩蓋。她幾乎與外界隔絕，無暇讀書、看電視，生活裡除了兩個需照看的孩子之外，就是遠在他鄉，幫不上一點忙的他。

他偶爾給打電話她，她總說：「電話費好貴的，不如省下來自己吃好一點。」

其實，她是希望見他的。

22 年的光陰一晃而過，他們已到中年。

她把孩子帶大，用自己的美麗、健康換得孩子的幸福。他呢？拍了好幾部電影。他成功了，他拍的電影得到了認可，並且在國外連連獲獎。這些，她當然知道。每當朋友看到他拍的電影，而向她祝賀並詢問他的情況時，她就會無限驕傲。

只是，他越來越忙。一年中，她偶爾可以見他一兩次，每次都短短三五天。

相比劇組裡年輕的女演員來說，她早成了黃臉婆。

外面的世界充滿誘惑，他終於迎向了更藍更藍的天空，「揮揮衣袖，不帶走一片雲彩」。

她流著淚問他：「為什麼？」

他說：「因為我們沒有相愛的理由。」

世界會變，人也會變。

有些從苦日子走過來的夫妻，並不一定能同時面對生活的甘美。

婚姻的不確定性很大，婚前的甜言蜜語、海誓山盟並不代表婚後一定是幸福的。所以，很多人都把婚姻比作一場賭博，是輸是贏，難以預料。

把結婚比作賭博，並不是對婚姻的褻瀆，也不是對婚姻的失望，而是對婚姻的一種豁達，一種超然。

我們要有一顆平常心，既要懂得珍惜「贏」的幸福，也要承受得住「輸」的痛苦。婚姻也是需要經營的，只要我們用心，就能收穫甜美的幸福。

婚戀中的楚漢之爭

一段愛情、一場婚姻，實質上也是一場遊戲、一場競賽。在這場遊戲和競賽中，男人和女人都想「征服」或「打敗」對方。

當一個男人和一個女人產生愛的火花時，男人和女人之間的賽局就開始了。當兩人進入熱戀狀態，男人和女人之間的賽局就是智豬賽局狀態。進入熱戀狀態的兩個人，總有一方顯得比較主動，他（她）總是會事先為兩個人做好一切，而另一方坐享其成。主動的一方總是會想：我會好好愛他（她）的，我要盡可能地為他（她）多做一些事，以表達我的愛。被動的一方則可能會想：她（他）是很愛我的，即使我不做，她（他）也會做好一切的。在熱戀狀態或婚姻狀態的初期，智豬賽局一般不會使兩個人發生矛盾，兩個人反倒會和睦相處，盡情地享受愛的甜蜜。

夫妻之間的賽局不是一次賽局，而是多次賽局。也正是由於夫妻之間賽局的重複性，所以在賽局過程中只要雙方還在理智的情況下，誰也不敢認真欺負對方，只是嚇唬嚇唬而已。丈夫打妻子，他不敢真正下狠招，而妻子一般也不敢鬧得太過分。因為他們都明白，僅為一時出口氣而給對方造成的傷害，到頭來還得要自己來承擔。也正因為這樣，夫妻之間都知道「別看你現在這麼凶，其實你並不敢真的把我怎麼樣」。所以有許多家庭，只要一方挑起事端，另一方就會積極應戰，夫妻之間的賽局就斷斷續續。所謂「爭爭吵吵，相伴到老」，其實就是對這種賽局情形的形象寫照。

當然，也有些夫妻在婚姻的長河中，能夠一輩子處於「智豬」狀態：這一方面，你做我的大豬；另一方面，我又做你的大豬。兩人相互照顧，相互欣賞；有了矛盾，兩個人也能做到相互體諒、相互理解，避免「鬥雞」狀態發生，因而他們的婚姻和諧美滿。

小喬的幸福雙贏選擇

周瑜和小喬是一對熱戀中的情侶，兩人平時工作很忙，下班回家後都很疲倦，在一起共同休閒的時間並不多。這個週末，兩人終於有了空閒，於是兩人就計劃如何共度這個美好的週末。

周瑜是個體育迷，喜歡看各類球賽，週末正好有一場精彩的籃球賽事在當地舉行。而小喬是個電視劇迷，這個週末正好有一部她最喜歡看的韓劇。兩人是選擇一起去看球賽，還是看韓劇呢？

對於熱戀中的周瑜和小喬來說，需要找到一個最合適的選擇，這裡就需要賽局論中的納許均衡。根據納許均衡，在周瑜和小喬的賽局中，總會有一個均衡點存在，而使得雙方能獲得最大程度的幸福感。

根據納許均衡，情侶間的賽局存在一個相對優勢策略的組合。周瑜和小喬可以選擇都去看球賽，或者都在家中看韓劇，這就是相對優勢策略的組合。一旦選擇了這樣的組合，賽局的雙方都不願意改變選擇，因為改變帶來的幸福感沒有相對優勢策略大。

比如兩人一起去看球賽，周瑜能得到 100 的幸福感，小喬也有 40；如果周瑜改變主意單獨去看球賽，雙方就都只有 0；如果小喬不願意去看球賽，自己留在家裡看韓劇，雙方的幸福感也都是 0。所以，兩人一起去看球賽是最佳選擇。同樣的道理，兩人一起在家看韓劇也是最穩定的結局。這種穩定的局面就是納許均衡。

在周瑜和小喬的賽局中，雙方都去看球賽，或者雙方都去看韓劇，是這個賽局中的兩個納許均衡。從這點可以看出，納許均衡實際上是一種僵局：在想定別人不改變策略的情況下，沒有人有興趣單獨改變策略，而且，這種單獨改變不會給他們帶來好處。

對於周瑜和小喬來說，既然存在兩個納許均衡，那麼，兩人如何安排週末的活動仍是個問題。賽局論雖然可以提供出兩個納許均衡，不過對於選擇哪一種納許均衡，卻沒有答案。

在這種情況下，賽局的最終結果會體現出先發優勢。雖然雙方最終都能得到好處，但是先採取行動的一方會獲得更多的好處。比如，在週末來臨的前一天，周瑜可以事先告訴小喬：「週末有場球賽，我已經買好票了，票很難買，我們週末一起去看球賽吧？」這樣一來，周瑜便有先發優勢。小喬即使想看韓劇，也會考慮到周瑜的球票。票已經買好了，對於小喬來說，選擇一起看球賽的納許均衡是最優策略。

在這個賽局中除了採取先發制人外，還可以運用別的策略。如果周瑜能讓小喬相信，打死他也不會去看韓劇，那麼，小喬為了享受兩人時光仍會選擇陪周瑜看球。當然，如果小喬也能讓周瑜相信，看球只會讓她「生不如死」，那周瑜只有陪她看韓劇。

要想在賽局中取勝，在策略的運用上還得需要一點智慧。小喬在邀請周瑜一起看韓劇的時候，還可以說，如果周瑜不陪她看韓劇，那她就叫曹操一起來看；如果周瑜答應這個週末跟她一起看韓劇，那以後不管什麼時候有球賽，她都會陪周瑜去看。在這種情況之下，周瑜一定會非常樂意陪著小喬看韓劇的。

看韓劇，還是看球賽，智慧的賽局者完全可以掌握最終的結果。

絕色「剩女」的煩惱

在「剩女」中，不乏有被讚嘆美貌的。但令人疑惑的是，這些漂亮的女孩卻一直沒有交男朋友。其實，這些女孩的愛慕者多如過江之鯽，但是他們都有一個共同的想法：這麼漂亮的女孩，怎麼輪得到我來追？肯定有那些比我優秀的男人去追求她。於是這些愛慕者只能長嘆一聲，轉而追求其他女孩去了。

經濟學家中相傳一個笑話：有一天，一個深受情感困惑的女孩到紐約觀光，真的在華爾街上碰見了巴菲特。巴菲特看到這個女孩後，頗為心儀，但轉念一想：這麼漂亮的女孩，怎麼輪得到我來追？肯定有那些比我年輕的年輕人，比如比爾蓋茲去追求她。於是巴菲特長嘆一聲，轉而與結髮老妻相伴去了。

漂亮女孩去微軟公司面試時，巧遇比爾蓋茲。面對如此佳人，比爾蓋茲再也不能正襟危坐了，心中一陣激動，但轉念一想：這麼漂亮的女孩，怎麼輪得到我來追？肯定有那些比我更強壯的有錢人，比如喬丹去追求她，於是比爾蓋茲長嘆一聲，繼續埋頭與司法部周旋。

漂亮女孩去觀看籃球比賽時，邂逅飛人喬丹。面對如此佳人，喬丹豈能坐懷不亂？他的腦海中翻起千層浪，但冷靜下來一想：這麼漂亮的女孩，怎麼輪得到我來追？肯定有那些比我更英俊的年輕人，比如她的什麼同學或同事，早就已經把她追到手了。於是喬丹長嘆一聲，轉身來個空中漫步。

俗話說：「好漢無好妻，賴漢娶個花枝女。」美女也有煩惱，而造成這種煩惱的原因就是資訊不對稱下的逆向選擇。那些對漂亮女孩嚮往已久的崇拜者們之間、崇拜者和漂亮女孩之間都不能溝通資訊。在大學校園裡，我們也經常慨嘆，一對對戀人是那麼的不協調。這種結果就是逆向選擇造成的。所以，在愛情婚姻「市場」上，當一個人是「買家」的時候，他就會想方設法地收集資訊以避免逆向選擇。但當他是「賣家」的時候，又會刻意隱瞞一些對自己不利的資訊，而只把那些最出彩的精華部分提供給對方。因為愛情的「市場經濟」也是契約經濟，契約經濟講究合約關係，所謂合約，就是結婚證書。以結婚的時間為界限，在這之前，所有的愛情都存在逆向選擇的問題，也就是在契約達成之前，買賣雙方總是想絞盡腦汁瞞騙對方。

不過，資訊不對稱導致的逆向選擇有好也有壞，有利也有弊，它既保護我們也會傷害我們。因為在尋覓愛情，雙方都會隱瞞自己的某些真實資訊。而一旦兩個人真正進入戀愛期的時候，一方愛上的並不是100%真實的另一方，而另一方也不可能愛上100%真實的一方。

但愛情裡有時候需要故意的逆向選擇，不是因為資訊不對稱，而是故意「反其道而行之」。這和穿衣服是一個道理。雖然今年流行長裙，有的人卻選擇一條超短裙，這時候的逆向選擇可以避免潮流引領下的撞衫尷尬，可以凸顯自己的標新立異，相當程度吸引路人的眼球。愛情還是需要更多的誠實，哪怕是從經濟學的角度分析，誠實也比不誠實的收益顯著。

有沒有一種智慧可以讓戀愛不分手

重複賽局研究的是人與人之間的合作關係。對於整個人類社會而言，構建一個「熟人社會」，是促進人與人之間合作的一種有效策略，但這並不意味著只需構建一個「熟人社會」便萬事皆休，人與人之間便不會有背叛發生。人性的複雜決定了我們在重複賽局的情況下還需採取其他的策略來保證合作，一報還一報策略就是其中的一種。

世界上的每對戀人都要承受未來不確定性的折磨：如果雙方都不變心，那是最好的結局，在天成為比翼鳥，在地成為連理枝；如果都變了心，效果也不壞，「你走你的陽關道，我過我的獨木橋」。如果一方變了心，另外找到了更好的情侶，另一方卻還傻乎乎地忠貞不貳，那麼，另覓新歡的一方是最幸福的，比兩人都不變心的結果還幸福，因為他（她）找到了更好的情人；而被拋棄的一方是最不幸的，比兩人都變心的結果更為不幸，因為他承擔的壓力既來自自己的不幸福，也來自對方的太幸福。那麼，有沒有一種方法能夠消除這種不確定性的折磨，讓兩人都對彼此忠貞不貳從而換來一個好的結果呢？

人在戀愛的時候都愛發誓，他們希望透過「非你不嫁」和「非你不娶」之類的誓言讓對方相信自己此情不渝。但事實上，一對戀人相互間的忠誠，不是靠這種情深愛篤的誓言，而是需要一定的賽局策略。在戀愛這場不太好玩的「遊戲」中，誰能熟練地駕馭賽局規則，誰就是愛情的贏家。

很明顯，勝利總是屬於那些採取善意、強硬、寬容和簡單明瞭的一報還一報策略的戀人們；反之，惡意的、軟弱的、尖刻的、複雜的戀人們往往會兩敗俱傷。所以，對於正在戀愛中的人們來說，獲得幸福愛情的賽局原則應該有以下幾點：

第一，善意而不是惡意對待戀人。

第二，強硬有原則而不是軟弱無原則地對待戀人。要在「我永遠愛你」的前提下，做到有愛必報，有恨也必報，「以其人之道，還治其人之身」。比如對戀人與其他異性的親熱行為，要有極其強烈的敏感與斬釘截鐵的回報。當然，每次發脾氣都是有限度的，而且還要在對方知錯的情況下寬容對待。

第三，寬容而不是尖酸刻薄對待戀人。幸福的戀人可能並不是忠貞不貳的，當然也不是見異思遷的，他們能夠生活得愉快，關鍵是能夠彼此寬容，寬容對方的缺點，甚至也寬容對方偶爾的不忠貞。

第四，簡單明瞭而不是山環水繞地對待戀人。艾克斯羅德的實驗證明，在賽局過程中，過分複雜的策略使得對手難以理解，無所適從，因而難以建立穩定的合作關係。

事實上，在一個重複賽局的環境裡，城府深沉、兵不厭詐、就算明白也要裝糊塗，往往並非上策，相反，明晰的個性、簡練的作風和坦誠的態度倒是制勝的要訣。要讓戀人明白我們說的是什麼，切忌讓對方猜來猜去，以免造成誤會。

提防戀人背叛未必能在戀愛中獲勝，相反，對善意的、強硬的、寬容的、簡單明瞭的一報還一報策略的掌握和利用，才有可能獲得地老天荒的愛情和白首偕老的婚姻。

可以看出，一報還一報策略可以促進人與人之間的合作，從而形成基於個體理性（利己動機）的集體理性結局，形成社會的道德共識。簡單地說就是：你對我好，我就對你好；你對我不好，我也對你不好。我對你好，是為了你能繼續對我好。我對你不好，不是睚眦必報的互相損害，而是要將對方重新拉回合作的軌道。所以，一報還一報策略最終能夠帶來雙方的合作。

電子書購買

國家圖書館出版品預行編目資料

零數學的賽局論：逆向選擇 × 納許均衡 × 柏拉圖效率 × 資訊對等 × 策略互動，邏輯使人精準決策，理性讓你賽局致勝！ / 邢群麟，王黯明著 . -- 第一版 . -- 臺北市：財經錢線文化事業有限公司 , 2023.02

面； 公分

POD 版

ISBN 978-957-680-582-0(平裝)

1.CST: 博奕論

319.2 111020927

零數學的賽局論：逆向選擇 × 納許均衡 × 柏拉圖效率 × 資訊對等 × 策略互動，邏輯使人精準決策，理性讓你賽局致勝！

臉書

作　　者：邢群麟，王黯明

發 行 人：黃振庭

出 版 者：財經錢線文化事業有限公司

發 行 者：財經錢線文化事業有限公司

E-mail：sonbookservice@gmail.com

粉 絲 頁：https://www.facebook.com/sonbookss/

網　　址：https://sonbook.net/

地　　址：台北市中正區重慶南路一段六十一號八樓 815 室

Rm. 815, 8F., No.61, Sec. 1, Chongqing S. Rd., Zhongzheng Dist., Taipei City 100, Taiwan

電　　話：(02) 2370-3310　　傳　　真：(02) 2388-1990

印　　刷：京峯彩色印刷有限公司（京峰數位）

律師顧問：廣華律師事務所 張珮琦律師

定　　價：299 元

發行日期：2023 年 02 月第一版

◎本書以 POD 印製